军事计量科技译丛

矢量网络分析仪测量与不确定度评估

Vector Network Analyzer (VNA)
Measurements and Uncertainty Assessment

[巴基斯坦] 诺什万·歇艾布 (Nosherwan Shoaib) 著

叶鸣　贺永宁　王宝龙　译

国防工业出版社

·北京·

著作权合同登记　图字：军-2018-050 号

图书在版编目（CIP）数据

矢量网络分析仪测量与不确定度评估/（巴基）诺什万·歇艾布（Nosherwan Shoaib）著；叶鸣，贺永宁，王宝龙译. —北京：国防工业出版社，2019.10
（军事计量科技译丛）
书名原文：Vector Network Analyzer(VNA) Measurements and Uncertainty Assessment
ISBN 978-7-118-11733-2

Ⅰ.①矢⋯　Ⅱ.①诺⋯②叶⋯③贺⋯④王⋯　Ⅲ.①矢量—网络分析仪　Ⅳ.①TM934

中国版本图书馆 CIP 数据核字（2019）第 217685 号

First published in English under the title
Vector Network Analyzer(VNA) Measurements and Uncertainty Assessment
by Nosherwan Shoaib
Copyright © 2017 Springer International Publishing Switzerland
This edition has been translated and published under licence from Springer International Publishing AG.

本书简体中文版由 Springer 出版社授权国防工业出版社独家出版发行。版权所有，侵权必究。

※

国防工业出版社出版发行
（北京市海淀区紫竹院南路 23 号　邮政编码 100048）
三河市腾飞印务有限公司印刷
新华书店经售

＊

开本 710×1000　1/16　印张 5¼　字数 85 千字
2019 年 10 月第 1 版第 1 次印刷　印数 1—2000 册　定价 72.00 元

（本书如有印装错误，我社负责调换）

| 国防书店：(010)88540777 | 发行邮购：(010)88540776 |
| 发行传真：(010)88540755 | 发行业务：(010)88540717 |

从数学的角度来看,一切现象的最重要方面是具有可测的量。因此,我应着眼于其测量来考虑电的现象,描述测量的方法、定义它们所依赖的标准。

詹姆斯·克拉克·麦克斯韦

译者序

矢量网络分析仪(VNA)是测量射频/微波系统或器件网络特性的基础计量仪器,广泛应用于军用和民用领域,为系统或器件的研发、生产、维护等环节提供基本保障,是相关科研院所、高校、企业及相关政府部门开展日常工作所必需的仪器设备之一。随着科学技术的发展,系统或器件的工作频率不断提高、性能要求越来越严,因而要求VNA性能稳定、测试结果可靠、测量结果具有可溯源性,这就要求VNA用户应熟练掌握其校准和不确定度评估方法。然而,相当部分的从业人员对VNA的校准技术及其不确定度评估缺乏足够的理解和掌握,这种现状对在毫米波、亚毫米波频段正确地使用VNA进行测量并分析测量结果造成了较大的影响。

本书是目前市面上少有的一本专门介绍VNA校准技术和不确定度评估方法的著作,尤其是针对波导测量场景进行了相关阐述。第1章对VNA测量及其不确定度评估的基本概念进行了介绍;第2章具体介绍了毫米波频段的S参数测量及不确定度评估;第3章对比分析了毫米波频段(75~110GHz)不同的S参数校准技术;第4章阐述了基于WR-05(140~220GHz)波导的VNA连接可重复性研究结果;第5章讨论了VNA的验证件及其应用于同轴和波导系统的可行性。全书内容针对性强,给出的理论与实验案例具有直接指导意义,特别是书中给出的大量参考文献为感兴趣的读者进一步深入研究提供了良好的素材。本书的适用读者包括从事微波/毫米波/太赫兹相关领域设计与开发的研发人员、工程师及相关专业的教师、学生,相信本书的翻译出版对于提升国内的VNA研究和实践水平将具有积极的促进作用。

本书翻译工作分配如下:贺永宁教授与王宝龙共同翻译了前言和第1章,其余部分由叶鸣副教授翻译。研究生陈理想、王露参与了部分章节的绘图等工作。

感谢西安交通大学微电子学院提供的宽松工作环境,使得译者得以完成此项工作。国防工业出版社的肖姝编辑对本书的翻译出版付出了大量劳动,在此表示衷心感谢。译者也对家人的支持与理解表示深深的感谢。

因译者水平和经验有限,疏漏和错误在所难免,恳请读者批评指正。

译者

2019 年 8 月

于西安交通大学

前言

在过去的10年里,电磁频谱中的毫米波及亚毫米波部分的工业和科学应用正在增加。一些应用案例包括雷达与遥感、气象研究、无线通信、安全扫描仪乃至医疗诊断系统。这是由于该高频电磁波具有更高的数据传输速率、小型化的电路以及更高的空间分辨率。在这些频段进行可靠、高质量及更安全的产品开发高度依赖于精确可靠的网络特性分析的可获得性。因此,除了进行测量,相应的不确定度评估也是非常重要的。

矢量网络分析仪(VNA)广泛用于准确精密的网络分析。VNA是表征通信系统中有源和无源网络的复杂而通用的仪器设备。通常采用散射参数(S参数)来定义网络特性。S参数是波参量的比值,可以提供待测件(DUT)的反射和传输特性信息。VNA测量中伴随着不同的误差源,主要分为系统误差、随机误差及漂移误差。在VNA的校准过程中,对系统误差进行了表征,然后可通过数学方法移除大多数系统误差。有可能最小化其他误差源,但是,它们会影响S参数测量并成为伴随测量的多种不确定度源。因此,不确定度分析是用VNA进行测量时不可或缺的部分。

本书旨在描述VNA的测量及其不确定度评估,尤其针对波导测量环境,从而为准确可靠地表征通信网络建立可追溯至国际单位制(SI)的测量可追溯性。所关心的频率范围从数兆赫兹到太赫兹频段。讨论了一种全解析的不确定度评估方法。所考虑的不确定度来源包括校准件的定义、VNA噪声、可重复性及漂移。还描述了不同不确定度源之间的相互作用以及它们的线性传播,以此来计算伴随测量的最终不确定度。校准件的尺寸测量也是讨论的部分内容。

在第1章中,对VNA测量及其不确定度评估进行了概述,还介绍了不同的测量误差、校准件及校准方法,也简要描述了不确定度分量的分类及 S 参数不确定度的表示方法。

第 2 章主要介绍毫米波频段的 S 参数测量及不确定度评估,讨论了不确定度传播的解析方法,还给出了不确定度传播的流程图(Flowchart),该图提供了伴随 VNA 测量的不同不确定度源间相互作用的信息。为了详细阐述该问题,给出了毫米波频段(50~110GHz)的 S 参数测量及不确定度评估。基于波导垫片(Waveguide shim)校准件尺寸表征的电磁计算也是讨论的部分内容。还进行了不同 S 参数数据之间的兼容性(Compatibility)评估。

在第 3 章中,对比分析了不同的毫米波频段(75~110GHz)S 参数校准技术。对所有校准件进行了几何尺寸的测量,并采用不同的校准技术来将 S 参数测量结果追溯至 SI。进行该对比的目的是从 S 参数测量及其不确定度的角度分析两种不同的 VNA 校准技术的有效性。

在第 4 章中,阐述了基于 WR-05(140~220GHz)的波导 VNA 的连接可重复性研究。该连接可重复性研究对于分析重复性测量所得结果的可变性及法兰的对准机制是重要的。特别地,从计量角度来看,因为在这些频段波导孔径的尺寸非常小,所以进行该研究也是非常重要的。

最后,在第 5 章中,描述了检查 VNA 性能特别是线性度的合适的验证件,包括它们应用于同轴和波导系统的可行性。所描述的波导验证件包括:WR-05(140~220GHz)及 WR-03(220~325GHz)交叉波导、定制的 WR-03(220~325GHz)圆形孔垫片(Circular iris section)。而且,也描述了基于空气线的一种新型的 N 型同轴验证件(DC-18GHz)的分析、设计及制造。

阿布达比酋长国,阿拉伯联合酋长国
Nosherwan Shoaib

致谢

本书内容基于我在下述单位所开展的研究活动：意大利都灵理工大学、意大利国家计量研究院(INRiM)、英国国家物理实验室(NPL)以及德国联邦物理技术研究所(PTB)。我要感谢这些研究机构中激励我、向我提供有用建议使得我有可能完成此书的人。特别地，我要感谢意大利都灵理工大学的 Andrea Ferrero 教授、Luciano Brunetti 博士、Marco Sellone 博士，INRiM 的 Luca Oberto 博士，NPL 的 Nick Ridler 教授、Martin Salter 先生，以及 PTB 的 Rolf Judaschke 博士和 Karsten Kuhlmann 博士。我还想感谢自始至终鼓励我、支持我的家人，谨以此书献给他们。

目录

第1章 概述 ·· 001
1.1 引言 ··· 001
1.2 VNA 架构 ··· 003
1.3 VNA 测量 ··· 003
  1.3.1 测量误差 ··· 004
  1.3.2 校准件 ·· 005
  1.3.3 误差盒模型 ·· 009
  1.3.4 校准技术 ··· 011
1.4 测量的不确定度 ·· 013
  1.4.1 不确定度分量的类型 ······································ 013
  1.4.2 S 参数不确定度的表示 ·································· 013
参考文献 ··· 017

第2章 波导测量的不确定度 ·· 019
2.1 引言 ··· 019
2.2 数学模型及测量不确定度评估 ····································· 019
2.3 待测量和测量设备 ·· 023
2.4 尺寸测量 ··· 024
2.5 测量结果 ··· 025
2.6 不确定度预算 ··· 029
2.7 讨论 ··· 029
2.8 结论 ··· 030
参考文献 ··· 030

第3章 VNA 校准对比 ·· 032
3.1 引言 ··· 032
3.2 校准技术 ··· 033
3.3 测量不确定度评价 ·· 033

XI

3.4　待测量及测量设备 …………………………………………………… 034
3.5　尺寸表征 ……………………………………………………………… 035
3.6　测量结果 ……………………………………………………………… 035
3.7　不确定度预算 ………………………………………………………… 038
3.8　讨论 …………………………………………………………………… 038
3.9　结论 …………………………………………………………………… 039
参考文献 ……………………………………………………………………… 039

第4章　VNA连接的可重复性研究 …………………………………… 042

4.1　引言 …………………………………………………………………… 042
4.2　数学公式 ……………………………………………………………… 042
4.3　实验装置 ……………………………………………………………… 043
4.4　测量结果 ……………………………………………………………… 044
　　4.4.1　平板短路测量 ………………………………………………… 045
　　4.4.2　偏置短路测量 ………………………………………………… 045
　　4.4.3　准匹配负载测量 ……………………………………………… 046
　　4.4.4　失配负载测量 ………………………………………………… 047
4.5　讨论 …………………………………………………………………… 048
4.6　结论 …………………………………………………………………… 048
参考文献 ……………………………………………………………………… 049

第5章　VNA验证件 ………………………………………………………… 050

5.1　引言 …………………………………………………………………… 050
5.2　尺寸容差和法兰错位 ………………………………………………… 051
5.3　电磁仿真 ……………………………………………………………… 053
　　5.3.1　波导验证件的电磁仿真 ……………………………………… 053
　　5.3.2　同轴验证件的电磁仿真 ……………………………………… 054
5.4　不确定度评估 ………………………………………………………… 055
5.5　实验装置 ……………………………………………………………… 056
5.6　结果与讨论 …………………………………………………………… 057
　　5.6.1　波导验证件 …………………………………………………… 057
　　5.6.2　同轴验证件 …………………………………………………… 062
5.7　结论 …………………………………………………………………… 065
参考文献 ……………………………………………………………………… 065

一般结论 ……………………………………………………………………… 068

中英文对照 …………………………………………………………………… 069

第 1 章
 概　述

摘要：矢量网络分析仪(VNA)是一种复杂而通用的仪器设备,在射频(RF)工程领域中用于进行精密准确的测量。本章目的是简要回顾 VNA 的架构及测量误差。本章还将讨论 VNA 的校准件和校准技术。最后,本章将对测量的不确定度进行综述。

1.1　引言

在射频(RF)工程中,网络分析是最常见、最重要的任务之一。网络分析仪即是一种广泛用作完成此任务的仪器,它能够对网络进行高效率、高精度的测量。此处所述网络,可以是放大器、滤波器或是一些用于卫星通信的复杂的器件。网络分析仪在研究、开发以及工业生产中均有应用。网络分析仪的测量结果可用于研究材料特性。应用成像和信号处理技术对该仪器提供的数据进行处理,可获得关于材料缺陷的信息。它也广泛应用于测量雷达系统中的天线。

网络分析仪产生的正弦信号施加给待测件(DUT),然后该仪器测量 DUT 的响应。从 DUT 反射回网络分析仪的信号与进入 DUT 的信号具有不同的幅度和相位。这些波参量即是用于表征 DUT 的信号。可将网络分析仪划分为两种类型：
- 标量网络分析仪；
- 矢量网络分析仪。

标量网络分析仪仅测量进入 DUT 的波与由 DUT 反射回来的波之间的幅度差异。然而,VNA 则是同时测量入射波和反射波的幅度和相位。因此,VNA 具有更复杂的实现方式,但具有更高的准确度和精度。从 VNA 获得的频域数据可转换到时域,以进行更深入的分析。

VNA 可用于表征一端口、二端口及多端口网络。图 1.1 给出了一个一端口网络,其中 V^+ 表示入射电压波的幅度, V^- 表示反射电压波的幅度。从 VNA 传播到 DUT 的入射电压波 V^+ 与从 DUT 到 VNA 的反射电压波 V^- 的比值称为反射系数

Γ,其中 Z 是网络的阻抗。Γ 的测量提供了该网络的响应信息。

$$\Gamma = \frac{V^-}{V^+} \tag{1.1}$$

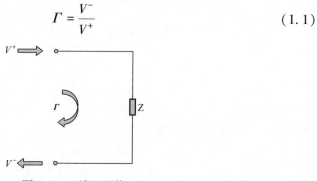

图 1.1 一端口网络

在如图 1.2 所示的二端口网络中,除了反射,还有前向和反向传输。这些量可以用散射参数(S 参数)的形式来表示[1]。S 参数定义为反射波参量与入射波参量的比值。对于二端口网络的情形,需要 4 个 S 参数来完整地表征网络特性:S_{11}、S_{21}、S_{12}、S_{22}。S_{11} 和 S_{22} 分别是端口 1 和端口 2 处的输入和输出反射系数。而 S_{21} 和 S_{12} 分别表示前向和反向传输系数。

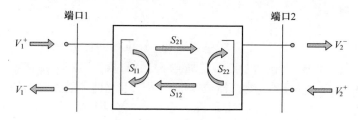

图 1.2 二端口网络

S 参数可写为如下的矩阵形式:

$$\begin{bmatrix} V_1^- \\ V_2^- \end{bmatrix} = \begin{bmatrix} S_{11} & S_{12} \\ S_{21} & S_{22} \end{bmatrix} \begin{bmatrix} V_1^+ \\ V_2^+ \end{bmatrix} \tag{1.2}$$

式中:V_1^-、V_2^- 和 V_1^+、V_2^+ 分别是端口 1 和端口 2 处的反射波和入射波。

在更一般的形式中,这些 S 参数可写为

$$S_{mn} = \frac{V_m^-}{V_n^+} \bigg|_{V_{m \neq n}^+ = 0} \tag{1.3}$$

式(1.3)意味着 S 参数是其他端口端接参考阻抗时测得的反射波和入射波之比。在高频频段,S 参数相比于 Z 参数和 Y 参数更受欢迎且更易于使用。这是因为表征 DUT 时 S 参数使用了匹配负载,而 Z 参数和 Y 参数则使用了开路和短路负载。在高频频段,使用匹配负载相比于使用开路和短路负载要容易许多。

1.2 VNA 架构

VNA 的基本模型在图 1.3 中给出。RF 源产生施加给 DUT 的信号,然后测量 DUT 的响应。RF 开关与 RF 源配合使用从而使 RF 信号传递到某个测试端口。定向耦合器用于信号分离。它们对计算波参量比值时被用作参考信号的入射信号进行测量,同时将 DUT 输入端口处的入射信号(V^+)和反射信号(V^-)分离。微波接收机用于将 RF 信号下变频到更低的中频。有些 VNA 有 4 个接收机而有些有 3 个接收机。使用模数转换器(ADC)和数字信号处理技术(DSP)从 IF 信号中提取幅度和相位信息,然后校正误差并显示测量数据。

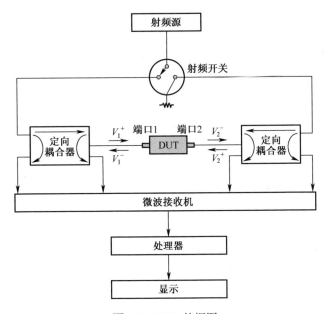

图 1.3 VNA 的框图

使用 VNA 测量 S 参数时,由于 VNA 和测量装置中的缺陷、噪声及漂移而存在测量误差。有一些测量误差通过校准过程进行了修正,而残余误差则由于测量中伴随的不确定度源而始终存在。1.3 节将详细阐述 VNA 测量及相应的不确定度。

1.3 VNA 测量

了解测量过程中的误差是如何产生的并知道如何进行修正,就可以改善测量的精度。无法被修正的误差即是测量不确定度的来源。

1.3.1 测量误差

VNA 的测量误差主要包括如下三类：
(1) 系统误差；
(2) 随机误差；
(3) 漂移误差。

1. 系统误差

VNA 和测量装置的缺陷是引起系统误差的主要因素。这类误差是可重复的，因而可以对它们进行预测。这类误差也是时不变的。大多数系统误差可通过校准过程来表征，然后采用数学方法移除。反射和传输测量都会产生系统误差。传输测量中产生的系统误差包括以下几种：

(1) 隔离误差：即信号泄露，也称为串扰。
(2) 负载匹配误差：由传输测量中部分信号从端口处反射回来所致。
(3) 传输跟踪误差：由传输测量中接收机不一致的频率响应所致。

反射测量中产生的系统误差可分为如下几类：

(1) 方向性误差：由定向耦合器泄露所致。
(2) 源匹配误差：由分析仪和 DUT 之间的多次内部反射所致。
(3) 反射跟踪误差：由反射测量中接收机不一致的频率响应所致。

校准过程通过一组特定的校准件组合来表征这些系统误差并在测量时采用数学方法来移除误差。然而，由于校准件缺陷、连接器界面及仪器自身原因，系统误差并不能被完全移除。

2. 随机误差

随机误差本质上不可预测。因此，这类误差不能通过校准过程移除。然而，它们可被最小化以提高测量精度。以下是随机误差的主要来源：

(1) 低电平噪声：或称为背景噪声，由测量通道所致。
(2) 高电平噪声或抖动噪声：由本地振荡(LO)源的相位噪声所致。
(3) 开关重复性误差：由机械 RF 开关的接触所致。
(4) 连接器重复性误差：由连接器磨损所致。

可通过使用窄的中频(IF)带宽、增加到 DUT 的源功率、避免开关衰减设置和防止连接器损坏，来最小化随机误差。

3. 漂移误差

这类误差是由 VNA 在校准之后的性能发生变化引起的。这类误差大部分由以下因素造成：

(1) 互连电缆的热膨胀特性；
(2) 微波频率转换器的转换稳定性。

这类误差可通过重新校准仪器来移除。而且,稳定的环境温度也可最小化漂移误差。

1.3.2 校准件

校准过程需要有一组特定的端口和端口校准件。一端口校准件包括短路、开路、负载及滑动负载。传输线或互易网络可被用作二端口校准件。可用的校准件类型有同轴、波导及片上系统。这里,对同轴和波导校准件都进行介绍。然而,本书中,除了在第5章中也讨论了同轴验证件外,还讨论波导校准件。接下来将对一端口和端口校准件进行简要介绍。

1. 短路

理想情况下,该一端口校准件的反射系数的模 $|\Gamma|=1$。然而,在同轴设计中,由于机械加工的缘故,在参考面和短路面之间存在一个偏移长度 l。因此,Γ 依赖于偏移长度 l。从数学的角度来看,偏移短路校准件的参考面处的反射系数可表示为如下形式:

$$\Gamma = -e^{-2(\alpha+j\beta)l} \tag{1.4}$$

式中:α 为衰减常数(Np/m);β 为相位常数(rad/m)。符号 α 表示媒质中的电磁波每传播单位长度所产生的衰减,而符号 β 表示电磁波在相同路径上传播时发生的相位变化。由于偏移长度 l 引起的损耗可忽略,亦即 $\alpha=0$,因此式(1.4)可简化为

$$\Gamma = -e^{-j4\pi l/\lambda} \tag{1.5}$$

式(1.4)中

$$\beta = 2\pi/\lambda \tag{1.6}$$

$$\lambda = c/f \tag{1.7}$$

式中:$c=299792458$ m/s 为光在真空中的传播速度;f 为工作频率。

在某些情形中,短路校准件的反射系数 Γ 可建模为寄生电感的形式[1]。寄生电感 $L(f)$ 对频率的依赖可用如下的三阶级数展开近似表示:

$$L(f) = L_0 + L_1 f + L_2 f^2 + L_2 f^3 \tag{1.8}$$

于是 Γ 可表示为

$$\Gamma = \frac{j2\pi fL(f) - Z_0}{j2\pi fL(f) + Z_0} e^{-j4\pi l/\lambda} \tag{1.9}$$

对于波导系统的情形,短路校准件可以是安装在测试端口波导法兰上的导电板,这意味着波导短路校准件的偏移长度 l 为零。对于偏移波导短路校准件,反射系数依赖于偏移长度。同样地,由于波导的色散本质,波导中的波长依赖于频率。对于中空的矩形波导管和圆波导管,主要的横电磁模式是 TE_{10} 模,因为该模式具有最低的截止频率。对于内部尺寸为 a、b(其中 $a>b$)的矩形波导,其 TE_{10} 模的

截止频率 f_c 在数学上可表示为

$$f_c = \frac{c}{2a\sqrt{\varepsilon_r \mu_r}} \tag{1.10}$$

对于空气,相对介电常数 ε_r 和相对磁导率 μ_r 均近似为 1。类似地,截止波长可写为

$$\lambda_c = 2a \tag{1.11}$$

波导波长可表示为截止波长的函数,具体数学表达式如下:

$$\lambda_w = \frac{\lambda}{\sqrt{1-(\lambda/\lambda_c)^2}} \tag{1.12}$$

2. 开路

对于同轴开路校准件,必须采用封闭式设计,因为内导体的开路末端会发生辐射效应。在封闭式设计中,内导体的开路末端形成了依赖于频率的边缘电容[1]。该边缘电容 $C(f)$ 对频率的依赖可近似采用下述三次方表达式来描述:

$$C(f) = C_0 + C_1 f + C_2 f^2 + C_2 f^3 \tag{1.13}$$

开路校准件在参考面处的反射系数 Γ 依赖于边缘电容 $C(f)$ 以及参考面到内导体开路末端的偏移长度 l。数学上可表示为

$$\Gamma = \frac{1-j2\pi f Z_0 C(f)}{1+j2\pi f Z_0 C(f)} e^{-j4\pi l/\lambda} \tag{1.14}$$

在波导系统中,由于波导开路末端的辐射效应导致不存在波导开路校准件,因此,偏移长度为 $\lambda_w/4$ 的偏移短路校准件可用作波导开路校准件。

3. 负载

负载或匹配校准件需要有和系统阻抗匹配的宽带阻抗。理想情况下,认为匹配校准件满足 $|\Gamma|=0$。然而,网络分析仪近来也可能考虑匹配校准件的一些非理想特性。

在波导匹配负载中,一个锥形或金字塔形结构安装在一端封闭的波导里。该锥形或金字塔形结构由铁氧体材料制成,以用作电磁能量吸收器。

4. 反射

反射校准件是反射系数模大于零的校准件,即 $|\Gamma|>0$。它用在不需要确切的反射系数值的校准过程中。

5. 直通

将两个测试端口直接相连称为直通校准件。如果连接器是同类型的且具有不同极性或无极性,那么直通连接的电长度为 0 mm。然而,同类型且同极性的连接器需要一小段传输线来在测试端口间形成合适的电连接。由于波导是无极性的,因此其直通校准件即是同类型的两个波导测试端口的直接连接。

6. 传输线

传输线是二端口校准件,其特征阻抗必须尽可能与参考阻抗匹配。在同时使用传输线校准件和直通校准件的校准过程中,传输线校准件和直通校准件必须具有不同的电长度。电长度的差异应避免为 $\lambda/2$ 及其整数倍,否则校准过程将产生奇异点并变得不一致。为了具有宽的频率范围,可用更多数目的不同长度的传输线校准件。

传输线校准件通常是对称(亦即 $S_{11} = S_{22}$)且互易(亦即 $S_{21} = S_{12}$)的网络。同样地,传输线校准件的特征阻抗与系统的参考阻抗尽可能匹配,这意味着 $S_{11} = S_{22} \approx 0$。传输线校准件的传输系数 S_{21} 可表示为如下的数学形式:

$$S_{21} = e^{-(\alpha + j\beta)l} \qquad (1.15)$$

式中:l 为传输线校准件的长度(m)。

对于同轴传输线,传播常数可依据同轴校准系数模型(Coaxial calibration coefficient model)来定义。在该模型中,对于端口校准件,采用端接的传输线模型予以定义,对于端口校准件则采用传输线模型予以定义。单位长度的衰减常数和相位常数从数学上可表示为如下形式:

$$\alpha = \left[\frac{(偏置损耗)(偏置延迟)}{2(偏置\ Z_0)l}\right]\sqrt{\frac{f}{10^9}} \qquad (1.16)$$

$$\beta = \omega\frac{(偏置延迟)}{l} + \alpha \qquad (1.17)$$

$$偏置损耗 = \frac{c}{\sqrt{\varepsilon_r/10^9}}\sqrt{\frac{\pi\mu_0}{\sigma_c}}\left(\frac{1}{\pi d} + \frac{1}{\pi D}\right) \qquad (1.18)$$

$$偏置延迟 = \frac{l\sqrt{\varepsilon_r}}{c} \qquad (1.19)$$

$$偏置\ Z_0 = \frac{\mu_0 c}{2\pi\sqrt{\varepsilon_r}}\ln\left(\frac{D}{d}\right) \qquad (1.20)$$

式中　ω ——角频率(rad/s),$\omega = 2\pi\omega f$;

　　　l ——传输线校准件的长度(m);

　　　d ——内导体的外径(m);

　　　D ——外导体的内径(m);

　　　μ_0 ——自由空间的磁导率,$\mu_0 = 4\pi \times 10^{-7}$(H/m);

　　　ε_r ——相对介电常数;

　　　c ——真空中的光速,$c = 299792458$m/s;

　　　σ_c ——铜材料的电导率(S/m)。

依据波导校准系数模型(Waveguide calibration coefficient model),对于矩形波导的情形,单位长度的衰减常数和相位常数的数学公式如下:

$$\alpha = \frac{(偏置损耗)(偏置延迟)}{l}\left(\sqrt{\frac{\varepsilon_0}{\mu_0}}\right)\sqrt{\frac{f}{f_c}}\left[\frac{1+\frac{2h}{\omega_e}\left(\frac{f_c}{f}\right)^2}{\sqrt{1-\left(\frac{f_c}{f}\right)^2}}\right] \quad (1.21)$$

$$\beta = \frac{(偏置延迟)}{l}\left[2\pi f \sqrt{1-\left(\frac{f_c}{f}\right)^2}\right] \quad (1.22)$$

$$偏置损耗 = \frac{\sqrt{\pi\mu_0 f_c \rho}}{h}\left(\frac{c}{\sqrt{\varepsilon_r}}\right) \quad (1.23)$$

$$偏置延迟 = \frac{l\sqrt{\varepsilon_r}}{c} \quad (1.24)$$

$$w_e = w - \frac{(4-\pi)r^2}{h} \quad (1.25)$$

式中 l ——矩形波导段的长度(m)；
w ——矩形波导的横截面宽度(m)；
h ——矩形波导的横截面高度(m)；
r ——矩形波导的边缘半径(m)；
w_e ——等效波导宽度(m)；
f_c ——可由式(1.10)计算的波导截止频率(Hz)；
ρ ——导体的电阻率($\Omega \cdot m$)；
μ_0 ——自由空间的磁导率，$\mu_0 = 4\pi \times 10^{-7}$(H/m)；
ε_0 ——自由空间的介电常数，$\varepsilon_0 = 8.85418782 \times 10^{-12}$(F/m)；
ε_r ——相对介电常数；
c ——真空中的光速，$c = 299792458$m/s。

7. 互易网络

遵循互易条件的端口校准件称为互易网络。互易条件是 $S_{21} = S_{12}$，意味着互易网络的相应的传输矩阵的秩必须等于 1。在校准过程中，互易网络可用作未知的直通校准件。

图 1.4 和图 1.5 分别给出了同轴和波导校准件的一些例子。

短路　　　　开路　　　　负载　　　　适配器

图 1.4　校准件:莫里(Maury)微波 8050CK-同轴 3.5mm

图 1.4 展示了同轴 3.5mm VNA 校准件[5]。短路、开路、负载是一端口校准

件,而二端口的适配器可用作直通校准件。这些校准件通常的使用频率范围可达26.5GHz。

图1.5展示的WR10波导校准件包括一端口的短路和负载校准件以及二端口的零垫片(Null shim)和偏置($\lambda/4$)垫片校准件[6]。这些校准件的使用频率范围是75~110GHz。在波导环境中,由于波导开路终端存在辐射效应,所以不存在开路校准件。短路校准件和偏置($\lambda/4$)垫片校准件的组合可用作开路校准件。

短路　　　负载　　　零垫片　　偏置垫片

图1.5　波导校准件:安捷伦(Agilent)型号 W11644-WR10

1.3.3　误差盒模型

校准过程可表征VNA的大多数系统误差。因此,在通过VNA校准进行误差修正之前,对系统误差进行建模是重要的。该模型称为误差盒模型。它实际上是一个线性系统模型,其每个参数均依赖于频率而不依赖于时间。具有4个接收机的二端口VNA的误差盒模型通常称为7项误差模型。具有3个接收机的VNA需要采用10项误差模型[1]。这里,我们将只关注端口VNA的7项误差模型。

图1.6给出了二端口VNA的误差盒模型。它包含两个位于DUT参考面和理想测量端口之间的误差盒,由S参数矩阵S_x和S_y表示。

下述S参数方程可用来描述这两个误差盒[1]:

$$\begin{bmatrix} V_{x1}^- \\ V_{x2}^- \end{bmatrix} = \underbrace{\begin{bmatrix} e_{11} & e_{10} \\ e_{01} & e_{00} \end{bmatrix}}_{S_x} \begin{bmatrix} V_{x1}^+ \\ V_{x2}^+ \end{bmatrix} \quad (1.26)$$

$$\begin{bmatrix} V_{y1}^- \\ V_{y2}^- \end{bmatrix} = \underbrace{\begin{bmatrix} e_{22} & e_{23} \\ e_{32} & e_{33} \end{bmatrix}}_{S_y} \begin{bmatrix} V_{y1}^+ \\ V_{y2}^+ \end{bmatrix} \quad (1.27)$$

其中V^-代表反射电压波,V^+代表入射电压波。误差项由e表示。由式(1.26)和式(1.27)可以看到总共有8个误差项。而且,误差项e_{01}、e_{10}、e_{23}、

e_{32} 不能为零[1]。因此,如果给这 4 个误差项中的某一个赋一个非零值,那么波参量的比值不受影响。如令 $e_{32}=1$,那么这就意味着误差模型中仅有 7 项独立误差项需要确定。图 1.6 给出的误差模型可用于前向和反向测量。

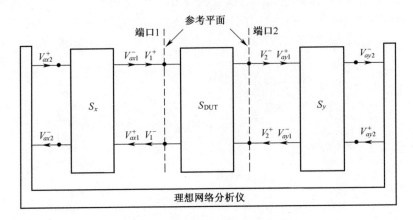

图 1.6　二端口 VNA 的误差盒模型

系统误差可由误差项表示如下:
(1) e_{22} 和 e_{11} 分别表示前向和反向测量中的负载匹配;
(2) $e_{10}e_{32}$ 和 $e_{01}e_{23}$ 分别表示前向和反向测量中的传输跟踪(Transmission tracking);
(3) e_{00} 和 e_{33} 分别表示前向和反向测量中的方向性;
(4) e_{11} 和 e_{22} 分别表示前向和反向测量中的源匹配;
(5) $e_{10}e_{01}$ 和 $e_{23}e_{32}$ 分别表示前向和反向测量中的反射跟踪(Reflection tracking)。

校准过程中需要对一端口和二端口校准件进行测量。下面从一端口校准件的测量开始。如果我们测量一端口校准件,设端口 1 的反射系数为 Γ_s,那么测量值可写成

$$\frac{V_{x2}^-}{V_{x2}^+}=e_{00}+\frac{e_{01}e_{10}\Gamma_s}{1-e_{11}\Gamma_s} \tag{1.28}$$

类似地,端口 2 处的一端口校准件测量值可表示如下:

$$\frac{V_{y2}^-}{V_{y2}^+}=e_{33}+\frac{e_{23}e_{32}\Gamma_s}{1-e_{22}\Gamma_s} \tag{1.29}$$

由式(1.28)和式(1.29)可以观察到,一端口校准件的测量为 7 个未知的误差项提供了 2 组独立的方程。接下来,其余的方程可从二端口校准件的测量中获得。对于二端口校准件的测量,S 参数矩阵 $\boldsymbol{S}_x$ 和 $\boldsymbol{S}_y$ 应变换为对应的传输矩阵 $\boldsymbol{T}_x$ 和 $\boldsymbol{T}_y$。我们假设二端口校准件的传输矩阵为 $\boldsymbol{T}_s$,于是二端口校准件的反向测量

可建模为如下形式：

$$\begin{bmatrix} V_{x2}^- \\ V_{x2}^+ \end{bmatrix} = \underbrace{\boldsymbol{T}_x \boldsymbol{T}_s \boldsymbol{T}_y}_{T_{Mr}} \begin{bmatrix} V_{y2}^+ \\ V_{y2}^- \end{bmatrix} \tag{1.30}$$

类似地，前向测量可表示如下：

$$\begin{bmatrix} V_{y2}^- \\ V_{y2}^+ \end{bmatrix} = T_{Mf} \begin{bmatrix} V_{x2}^+ \\ V_{x2}^- \end{bmatrix} \tag{1.31}$$

式中：T_{Mf} 可由 T_{Mr} 通过矩阵变换得到。

由式(1.30)和式(1.31)可以看到，二端口校准件的测量提供了四个方程。如果所有的校准件完全已知，那么校准过程将为7个未知项提供8个方程。这意味着校准过程是超定(Overdetermined)的，所以也可以在校准过程中使用部分未知(Partly unknown)的校准件。

在1.3.4节中，对用来评估未知误差项的典型的几种校准技术进行讨论。

1.3.4 校准技术

校准技术使用一组特定的校准件来表征系统误差并在测量过程中通过数学方法对误差进行消除[7]。有多种不同的校准技术来校准二端口 VNA[8-29]。一些常见的二端口 VNA 校准技术如下：

- 短路-开路-负载-直通(SOLT)；
- 直通-短路-延迟(TSD)；
- 直通-反射-传输线(TRL)；
- 传输线-反射-匹配(LRM)；
- 短路-开路-负载-互易(SOLR)；
- 增强型短路-开路-负载-直通(ESOLT)；
- 快速型短路-开路-负载-直通(QSOLT)。

1. SOLT

SOLT 校准技术[9-13]是一种传统的二端口校准技术。它需要用于两个测试端口的三个一端口校准件以及一个直通校准件(直接相连)。在该校准技术中使用的一端口校准件包括短路校准件、开路校准件及负载校准件。校准中的直通连接仅识别传输误差系数。该校准技术具有冗余校准件。整个系统的参考阻抗由某个负载校准件确定。该校准技术的精度高度依赖于准确的校准件定义，且可通过改进校准件模型或使用经参考校准(Reference calibration)进行过初次表征的校准件来提高性能。

2. TSD/TRL

TSD 和 TRL 是应用广泛的计量级的校准技术。TSD 校准技术[17-18]使用一个传输线校准件、已知反射系数的端口短路校准件以及1个直通校准件(两个测试端口直接相连)。端口短路校准件需在2个测试端口均进行测量。另外,TRL校准技术使用1个传输线校准件、反射系数未知的端口反射校准件以及1个直通校准件。传输线校准件和直通校准件必须具有相同的几何结构,亦即二者必须具有相同的参考阻抗。系统的参考阻抗由传输线校准件的特征阻抗决定。在测量的过程中,参考面定义在直通校准件的中间位置。直通校准件和传输线校准件的长度差需避免为 $\lambda/2$ 及其整数倍,否则校准技术将具有奇异性。由于可以加工出具有精确特征阻抗的传输线校准件,TSD和TRL校准技术提供了准确的传输和反射测量。

TSD和TRL校准技术适用于同轴和波导环境中。然而,如果校准的过程中可移动探针,它们也可用于片上测量。这类校准技术具有带宽限制。对于宽带TSD和TRL校准,需使用更多数量的不同长度的传输线校准件。通过使用多个传输线校准件的测量来增加传统TRL带宽的校准技术称为多线(Multiline)直通-反射-传输线校准技术(MTRL)[20-22]。

3. LRM

该校准技术要求使用1个传输线校准件、未知反射系数的端口反射校准件以及1个匹配校准件[23]。需要在2个测试端口对反射和匹配校准件进行测量。系统的参考阻抗由负载阻抗决定。LRM是一种宽带校准技术,因为校准中使用的传输线校准件不需要具有特定的长度。但是,制造高度精确的匹配校准件是困难的。

该校准技术广泛应用于片上测量,因为它不要求在校准中移动探针。如果使用了合适的匹配校准件,LRM校准技术可以和TRL校准技术一样精确。

4. SOLR

在SOLR校准技术[26]中,对2个测试端口使用3个完全已知的一端口校准件以及1个完全未知的二端口互易网络。一端口校准件包括短路校准件、开路校准件、负载/匹配校准件。互易网络识别传输误差系数。整个系统的参考阻抗由某个负载校准件确定。该校准技术提供了精确的反射测量,但是传输测量的精度稍差。SOLR校准技术的精度高度依赖于一端口校准件定义的品质。

该校准技术不需要直通校准件。当2个测试端口具有相同极性时,使用该校准技术是有效的。

5. ESOLT

该校准技术在2个测试端口使用端口短路校准件、开路校准件、负载校准件以及直通校准件(直接相连)。在该校准技术中使用了最小二乘数学方法。就像SOLT那样,ESOLT校准的精度高度依赖于良好的校准件定义。整个系统的参考阻抗由某个负载校准件确定。

6. QSOLT

QSOLT 校准技术[27-28]要求只在其中一个 VNA 测试端口测量一端口短路校准件、开路校准件及负载校准件,并在两个测试端口之间测量直通校准件(直接连接)。该校准技术没有冗余校准件。该校准技术更快,因为它在校准过程中要求更少的校准件连接。参考阻抗由负载校准件决定。QSOLT 提供准确的传输测量,但是对于校准过程中校准件未连接的测试端口,其反射测量的精度稍低。

1.4 测量的不确定度

伴随 VNA 测量的残余不确定度对于分析所得结果是重要的。评估对最终不确定度有贡献的误差源以及它们的权重也是重要的。

1.4.1 不确定度分量的类型

通常,依据计算不确定度的方法,可将不确定度分量划分为两类。

1. A 类

A 类不确定度的评估是基于对一组观测样本的统计分析。例如,计算一组测量的均值并通过计算均值的标准方差来获得标准不确定度。

2. B 类

B 类不确定度的评估采用非统计方法。它通常是基于对可获得的相关数据或信息的科学判断。相关的信息可以是校准报告中提供的数据,制造商提供的指标或是以前的测量结果。

在 VNA 测量中,A 类和 B 类不确定度均有涉及。

1.4.2 S 参数不确定度的表示

从 VNA 获得的 S 参数测量结果是复数量。一个复数包含两部分:实部和虚部。一个复数 Z,若实部记为 x、虚部记为 y,则可表示为

$$Z = x + iy \tag{1.32}$$

式中:i 是复数单位。

该复数可表示在图 1.7 所示的实部/虚部平面中。

复数 Z 也可按幅度 m 和相位 θ 来表示。可使用如下的非线性方程来将 Z 从实部/虚部形式转换为幅度/相位形式:

$$m = |Z| = \sqrt{x^2 + y^2} \tag{1.33}$$

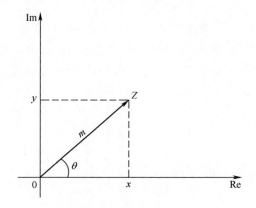

图 1.7 复数表示法

$$\theta = \angle Z = \begin{cases} \arctan(y/x) & x > 0 \\ \arctan(y/x) + \pi & x > 0, y \geqslant 0 \\ \arctan(y/x) - \pi & x < 0, y < 0 \\ \pi/2 & x = 0, y > 0 \\ -\pi/2 & x = 0, y > 0 \\ \text{undefined} & x = 0, y = 0 \end{cases} \quad (1.34)$$

一个复数的不确定度可由图形表示为椭圆的形式,因为残余误差同时影响着实部和虚部分量。图 1.8 给出了复数 Z 的不确定度椭圆。不确定度椭圆基本上定义了真值可能存在的边界范围。

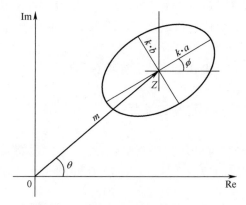

图 1.8 复数及其不确定度椭圆的表示,k 表示覆盖因子

椭圆轴长和旋转角 ϕ 依赖于复数 Z 的方差矩阵。同样也需要注意的是复数的实部和虚部分量之间存在关联性。因此,除了实部方差 V_r 和虚部方差 V_i 外,实部和虚部之间的协方差 V_{ri} 和 V_{ir} 也对最终的不确定度评估有影响[30-35]。依据定义,协方差 V_{ri} 和 V_{ir} 总是相等。复数 Z 的不确定度方差矩阵可写为如下的矩阵

形式：

$$\boldsymbol{V}_z = \begin{bmatrix} V_r & V_{ri} \\ V_{ri} & V_i \end{bmatrix} \tag{1.35}$$

不确定度椭圆的轴长可通过计算式(1.35)中矩阵的特征值得到。假设式(1.35)中的矩阵的特征值是 λ_1 和 λ_2，则从数学上它们可以写成如下形式：

$$\lambda_1 = \frac{V_r + V_i + \sqrt{(V_r - V_i)^2 + 4V_{ri}^2}}{2} \tag{1.36}$$

$$\lambda_2 = \frac{V_r + V_i - \sqrt{(V_r - V_i)^2 + 4V_{ri}^2}}{2} \tag{1.37}$$

椭圆的半长轴和半短轴将分别是 $a = 1/\sqrt{\lambda_2}$ 和 $b = 1/\sqrt{\lambda_1}$。旋转角度 ϕ 可写成如下的方差和协方差的函数[30]：

$$\phi = \frac{1}{2}\arctan\left(-\frac{2V_{ri}}{V_r - V_i}\right) \tag{1.38}$$

如前所述，不确定度椭圆定义了真值以一定概率存在的边界范围。为了增加真值落入椭圆所定义的边界范围内的概率，长半轴和短半轴可通过称作覆盖因子(Coverage factor)的系数进行放大。在图1.8中，覆盖因子记为 k。覆盖因子基本上扩展了不确定度，增加了获得真值的可信度。对于服从正态概率分布的标量，常用的覆盖因子如下：

（1）$k=1$ 时可信度为 68%；
（2）$k=2$ 时可信度为 95%；
（3）$k=3$ 时可信度为 99%。

但是，对于复数量，覆盖因子 $k=2$ 时不再具有可信度为 95% 的扩展不确定度。因此对于复数量，覆盖因子取值为具有 2 个自由度的 χ^2 分布的 95% 点的平方根，复数量的 2 个分量各对应 1 个自由度。通常，对于 n 端口网络，可信度为 95% 的覆盖因子给出如下：

$$k = \sqrt{\chi^2_{p,0.95}} \tag{1.39}$$

式中：$p = 2n^2$；$\chi^2_{p,0.95}$ 表示自由度为 p 的 χ^2 分布的临界概率为 95% 时所对应的 χ^2 的取值[31]。

类似的概念也可用于 S 参数。每个 S 参数是个复数量并具有自己的伴随不确定度(Associated uncertainty)。S 参数的实部和虚部之间存在关联性。不同 S 参数之间也存在关联性。因此，S 参数的方差以及两个 S 参数之间的协方差均影响不确定度评估。S 参数 S_{mn} 的方差矩阵 $\boldsymbol{V}_{S_{mn}}$ 可表示如下：

$$\boldsymbol{V}_{S_{mn}} = \begin{bmatrix} V_{\mathrm{Re}S_{mn}} & V_{\mathrm{Re}S_{mn}\mathrm{Im}S_{mn}} \\ V_{\mathrm{Im}S_{mn}\mathrm{Re}S_{mn}} & V_{\mathrm{Im}S_{mn}} \end{bmatrix} \tag{1.40}$$

式中：$V_{\text{Re}S_{mn}}$、$V_{\text{Im}S_{mn}}$ 分别是 S_{mn} 的实部和虚部的方差。而 $V_{\text{Re}S_{mn}\text{Im}S_{mn}}$ 是 S_{mn} 的实部和虚部之间的协方差。依据定义，$V_{\text{Re}S_{mn}\text{Im}S_{mn}}$ 和 $V_{\text{Im}S_{mn}\text{Re}S_{mn}}$ 相等。

类似地，两个 S 参数 S_{mn} 和 S_{ij} 之间的协方差矩阵 $\boldsymbol{V}_{S_{mn},S_{ij}}$ 可表示如下：

$$\boldsymbol{V}_{S_{mn},S_{ij}} = \begin{bmatrix} V_{RRS_{mn}S_{ij}} & V_{RIS_{mn}S_{ij}} \\ V_{IRS_{mn}S_{ij}} & V_{IIS_{mn}S_{ij}} \end{bmatrix} \quad (1.41)$$

式中：$V_{RRS_{mn}S_{ij}}$ 是 S_{mn} 的实部和 S_{ij} 的实部之间的协方差；$V_{IIS_{mn}S_{ij}}$ 是 S_{mn} 的虚部和 S_{ij} 的虚部之间的协方差；$V_{RIS_{mn}S_{ij}}$ 和 $V_{IRS_{mn}S_{ij}}$ 分别是 S_{mn} 和 S_{ij} 的实部-虚部以及虚部-实部协方差，$V_{RIS_{mn}S_{ij}}$ 和 $V_{IRS_{mn}S_{ij}}$ 通常不相等。方差和协方差矩阵的维度都是 2×2。

一个网络的完整的方差/协方差矩阵可在上述方差、协方差矩阵的基础上得到。对于一个二端口网络，完整的方差/协方差矩阵 $\boldsymbol{V}_{s,2p}$ 为

$$\boldsymbol{V}_{s,2p} = \begin{bmatrix} \boldsymbol{V}_{S_{11},S_{11}} & \boldsymbol{V}_{S_{11},S_{12}} & \boldsymbol{V}_{S_{11},S_{21}} & \boldsymbol{V}_{S_{11},S_{22}} \\ \boldsymbol{V}_{S_{12},S_{11}} & \boldsymbol{V}_{S_{12},S_{12}} & \boldsymbol{V}_{S_{12},S_{21}} & \boldsymbol{V}_{S_{12},S_{22}} \\ \boldsymbol{V}_{S_{13},S_{11}} & \boldsymbol{V}_{S_{13},S_{12}} & \boldsymbol{V}_{S_{13},S_{21}} & \boldsymbol{V}_{S_{13},S_{22}} \\ \boldsymbol{V}_{S_{14},S_{11}} & \boldsymbol{V}_{S_{14},S_{12}} & \boldsymbol{V}_{S_{14},S_{21}} & \boldsymbol{V}_{S_{14},S_{22}} \end{bmatrix} \quad (1.42)$$

式中：矩阵 $\boldsymbol{V}_{s,2p}$ 的每个元素是一个 2×2 的实矩阵。

类似地，一个 n 端口网络含有 n^2 个 S 参数，意味着 n 端口网络的完整的方差/协方差矩阵包含 n^4 个方差、协方差矩阵，每个矩阵的维度为 2×2。

采用高斯误差传播模型，完整的方差/协方差矩阵的对角元素可用来计算 S 参数的幅度和相位不确定度，依据文献[36]，该模型由如下方程定义：

$$u(|Z|) = \sqrt{\left(\frac{\partial |Z|}{\partial x}\right)^2 \sigma_x^2 + \left(\frac{\partial |Z|}{\partial y}\right)^2 \sigma_y^2 + 2\left(\frac{\partial |Z|}{\partial x}\right)\left(\frac{\partial |Z|}{\partial y}\right) \sigma_{xy}} \quad (1.43)$$

$$u(\theta_Z) = \sqrt{\left(\frac{\partial \theta}{\partial x}\right)^2 \sigma_x^2 + \left(\frac{\partial \theta}{\partial y}\right)^2 \sigma_y^2 + 2\left(\frac{\partial \theta}{\partial x}\right)\left(\frac{\partial \theta}{\partial y}\right) \sigma_{xy}} \quad (1.44)$$

式中：$|Z| = \sqrt{x^2 + y^2}$ 和 $\theta_Z = \arctan(y/x)$ 分别是复数 Z 的模和相位，$u(|Z|)$ 和 $u(\theta_Z)$ 分别是幅度和相位的标准不确定度；σ_x^2 和 σ_y^2 分别是实部 x 和虚部 y 的方差；σ_{xy} 是复数的实部和虚部之间的协方差。

扩展不确定度 U 可由标准不确定度 u 按下式计算得到

$$U = ku \quad (1.45)$$

式中：覆盖因子 k 取决于需要的可信度。

第 2 章将讨论 VNA 测量中的不确定度的数学建模及解析处理，以及不同不确定度源之间的互作用以及它们对 DUT 最终不确定度的影响。

参 考 文 献

1. HiebelM (2007) Fundamentals of vector network analysis, 2nd edn. Rohde and Schwarz GmbH& Co., Germany ISBN 978-3-939837-06-0
2. Gonzalez G (1999) Microwave transistor amplifier: analysis and design, Chap. 1, Sect. 1.4, 2nd edn. Prentice-Hall, Inc., Englewood Cliffs, N.J, USA
3. Agilent PNA calibrate measurements—measurement errors. http://na.tm.agilent.com/pna/help/WebHelp7_5/S3_Cals/Errors.htm#errsys
4. Agilent, Agilent application note 1287-11, specifying calibration standards and kits for agilent vector network analyzers. http://www.agilent.com
5. 3.5mm Calibration kits, coaxial VNA calibration kits—series 8050CK—datasheet. https://www.maurymw.com/pdf/datasheets/2Z-059.pdf
6. Agilent technologies WR-10 mechanical calibration kit—user manual. http://cp.literature.agilent.com/litweb/pdf/11644-90369.pdf
7. Rumiantsev A, Ridler N (2008) VNA calibration. IEEE Microw Mag 9(3):86-99 June
8. Eul HJ, Schiek B (1991) A generalized theory and new calibration procedures for network analyzer self-calibration. IEEE Trans Microw Theory Tech. 39(4):724-731
9. Kruppa W (1971) An explicit solution for the scattering parameters of a linear two-port measured with an imperfect test set. IEEE Trans Microw Theory Tech MTT-19(1):122-123
10. Rehnmark S (1974) On the calibration process of automatic network analyzer systems. IEEE Trans Microw Theory Tech 22(4):457-458
11. Engen GF (1974) Calibration technique for automated network analyzers with application to adapter evaluation. IEEE Trans Microw Theory Tech MTT-22:1255-1260
12. Franzen NR, Speciale RA (1975) A new procedure for system calibration and error removal in automated sparameter measurements. In: Proceedings of the 5th European microwave conference (Hamburg). pp 69-73
13. Fitzpatrick J (1978) Error models for system measurement. Microw J 21:63-66 May
14. Padmanabhan S, Kirby P, Daniel J, Dunleavy L (2003) Accurate broadband on-wafer SOLT calibrations with complex load and thru models. In Proceedings of the 61st ARFTG microwave measurements conference. Springer, Heidelberg, pp 5-10
15. Blackham D, Wong K (2005) Latest advances in VNA accuracy enhancements. Microw J 48:78-94 July
16. Ridler N, Nazoa N (2006) Using simple calibration load models to improve accuracy of vector network analysermeasurements. In: Proceedings of the 67th ARFTG microwave measurements conference. Springer, Heidelberg, pp 104-110
17. Engen GF, Hoer CA (1978) The application of thru-short-delay to the calibration of the dual six-port. In: IEEE-MTT-S international microwave symposium digest. pp 184-185
18. Engen GF, Hoer CA (1979) Thru-load-delay: an improved technique for calibrating the dual six-port. In: IEEE-MTT-S international microwave symposium digest. p 53 (1979)

19. Engen GF, Hoer CA (1979) Thru-reflect-line: an improved technique for calibrating the dual six port automatic network analyzer. IEEE Trans Microw Theory Tech MTT-27:987-993
20. Marks RB (1991) A multiline method of network analyzer calibration. IEEE Trans Microw Theory Tech 39(7):1205-1215
21. Williams DF, Wang JCM, Arz U (2003) An optimal vector-network-analyzer calibration algorithm. IEEE Trans Microw Theory Tech 51(12):2391-2401
22. Williams DF, Marks RB, Davidson A (1991) Comparison of on-wafer calibrations. In: Proceedings of the 38th ARFTG microwave measurements conference. Fall, pp 68-81
23. Eul HJ, Schiek B (1988) Thru-match-reflect: one result of a rigorous theory for de-embedding and network analyzer calibration. In: Proceedings of the 18th European microwave conference. Stockholm, Sweden, pp 909-914
24. Soares RA, Gouzien P, Legaud P, Follot G (1989) A unified mathematical approach to two-port calibration techniques and some applications. IEEE TransMicrow Theory Tech 37:1660-1674
25. Silvonen KI (1991) Calibration of test fixtures using at least two standards. IEEE Trans Microw Theory Tech 39:624-630 Apr
26. Ferrero A, Pisani U (1992) Two-port network analyzer calibration using an unknown thru. IEEE Microw Guided Wave Lett 2(12):505-507 Dec
27. Ferrero A, Pisani U (1991) QSOLT: A new fast calibration algorithm for two port S parameter measurements. In: 38th ARFTG conference digest. San Diego, CA, pp 15-24
28. Eul HJ, Schiek B (1991) Reducing the number of calibration standards for network analyzer calibration. IEEE Trans Instrum Meas 40(4):732-735
29. Shoaib N (2012) Anovel inconsistency condition for 2-port vector network analyzer calibration. Microw Opt Technol Lett 54(10):2372-2375 Oct
30. MMS application note AN-202.2, Part 2: understanding complex numbers uncertainty. http://www.hfemicro.com/pdf/MMS4_AN-202-2.pdf
31. Ridler NM, Salter MJ (2002) An approach to the treatment of uncertainty in complex Sparameter measurements. Metrologia 39(3):295-302
32. Hall BD (2003) Calculating measurement uncertainty for complex-valued quantities. Meas Sci Technol 14(3):368-375
33. Hall BD (2010) Notes on complex measurement uncertainty—Part 1, Industrial Research Ltd., New Zealand. Technical report 2483
34. Hall BD (2012) Notes on complex measurement uncertainty—Part 2, Industrial Research Ltd., New Zealand. Technical report 2557
35. Hall BD (2007) Some considerations related to the evaluation of measurement uncertainty for complex-valued quantities in radio frequency measurements. Metrologia 44(6):L62-L67
36. Taylor JR (1982) An introduction to error analysis, the study of uncertainties in physical measurements, 2nd edn. University Science Books, Sausalito, CA, pp 209-914

第 2 章
波导测量的不确定度

摘要：本章将阐述解析处理 VNA 测量中的不确定度评估。具体地，本章将给出波导校准件的测量不确定度评估，同时讨论凸显了不同测量不确定度源间互作用的不确定度传播流程，并且本章也将描述波导校准件的尺寸表征。

2.1 引言

波导是传导电磁波或声波的一种结构。最常见的波导是中空金属结构。波导在通信系统中有许多应用。可靠的通信系统的开发高度依赖于准确可靠的网络分析。因此，测量的不确定度评估对于可追溯性的测量是关键的。本章讨论波导测量的不确定度评估。

作为例子，讨论了运用网络分析仪对两组不同波导亦即 WR15 和 WR10 进行的散射参数(S 参数)测量[1-3]。频率覆盖范围是 50~110GHz。对波导校准件进行了不确定度分析。对波导校准件进行尺寸表征也是讨论的一部分内容。波导测量结果也与基于 WR15 和 WR10 垫片(包含在校准件中)的机械特性的理论电磁计算结果进行了对比，来评估数据间的兼容性。

2.2 数学模型及测量不确定度评估

本节将给出 VNA(Two-state hardware)的校准模型以及运用解析方法进行的测量不确定度评估，描述了一种双态硬件 VNA 校准模型[4]，也强调了运用[5]中描述的纯解析方法进行的 S 参数不确定度评估。

双态硬件 VNA 模型是从完全反射计(Complete reflectometer)多端口 VNA 非泄露模型[6]到非完全反射计架构的拓展。在双态模型中，每个 VNA 端口有如图 2.1 所示的两种不同状态。状态 A 代表了传统的入射波和反射波均可测的完全反射计。状态 B 是只有反射波可测的部分反射计(Partial reflectometer)。

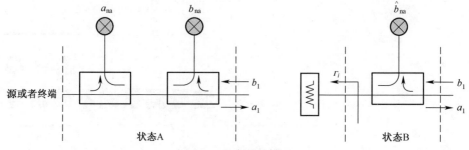

图 2.1 双态硬件模型

状态 A 可从数学上描述如下[7]：

$$\begin{cases} a_i = l_i b_{mi} - h_i a_{mi} \\ b_i = k_i b_{mi} - m_i a_{mi} \end{cases} \tag{2.1}$$

而状态 B 的数学形式如下：

$$\begin{cases} a_i = g_i \hat{b}_{mi} \\ b_i = f_i \hat{b}_{mi} \end{cases} \tag{2.2}$$

对每个端口 $j(i \neq j)$ 进行源激励，状态 B 中端口 i 反射计负载 Γ_i 总是相同[4]。首先需要对每个端口计算误差系数 l_i、m_i、h_i、k_i、f_i 和 g_i，然后通过去嵌入过程来获得修正的 S 参数数据。测量值通过下述去嵌入方程与修正值关联起来[4]：

$$\underbrace{(KB_m - MA_m + F\hat{B}_m)}_{B} = S \underbrace{(LB_m - HA_m + G\hat{B}_m)}_{A} \tag{2.3}$$

式中：K、M、F、L、H 和 G 是包含误差系数的对角矩阵；H、K 和 F 包含传输误差系数；M、L 和 G 包含反射误差系数；A_m、B_m 和 $\hat{B}_m$ 是包含测量结果的矩阵。式(2.3)也用于校准。

测量的不确定度对于测量过程非常有用，因为它提供了主要的误差源信息。误差源可被分析及抑制来获得精确的测量结果。使用 VNA 校准模型，待测器件的测量不确定度可用公式表达。式(2.3)的微分可以得到如下的不确定度传播方程[8]：

$$\delta S = (\delta \beta_e + \delta \beta_m)(A)^{-1} \tag{2.4}$$

其中

$$\delta \beta_e = (\delta K - S\delta L)B_m - (\delta M - S\delta H)A_m + (\delta F - S\delta G)\hat{B}_m \tag{2.5}$$

$$\delta \beta_m = (K - SL)\delta B_m - (M - SH)\delta A_m + (F - SG)\delta \hat{B}_m \tag{2.6}$$

式中：$\delta \beta_e$ 和 $\delta \beta_m$ 分别为误差系数的不确定度及待测件测量过程中测量噪声所产生的影响。

$\delta\beta_e$ 和 $\delta\beta_m$ 代表不同的误差源,因此这两项完全独立。所考虑的不确定度源包括:
- 校准件定义;
- 测量噪声;
- 连接器/电缆可重复性。

校准件的定义能影响测量精度,亦即校准件的制造能影响校准件最终的精度。但是,为评估最终的测量不确定度,该不确定度贡献可采用蒙特卡罗法进行仿真。

测量噪声可划分为低电平和高电平噪声源(见 1.3.1 节)。可在测试端口加一个匹配负载进行重复性的原始(Raw)测量来对其进行表征[5]。但是,由于 VNA 的高动态范围,该不确定度贡献通常对最终的测量不确定度具有最小的影响。

连接器/电缆的可重复性分析有助于理解重复性 VNA 测量结果的可变性。特别是,在毫米波频段,波导法兰小的错位将导致界面处产生反射从而在电测量中造成系统误差和随机误差。详尽的毫米波频段的 VNA 的连接可重复性研究见第 4 章。

对于特定的 DUT 测量,考虑不同的不确定度源的传播以计算最终的不确定度。不确定度传播流程如图 2.2 所示。由图 2.2 可见,不确定度的传播以一种复杂的方式来影响最终的不确定度。校准件定义的不确定度影响误差系数的估计并间接影响 DUT 的测量。测量噪声的不确定度贡献发生在校准和 DUT 的测量过程中。连接器/电缆可重复性影响标准模型合并不确定度以及去嵌入过程。在文献[5]中描述了 S 参数不确定度评估的详尽理论和数学分析。该不确定度评估的数学方法与测量中的不确定度表达指南(GUM)是兼容的[9]。

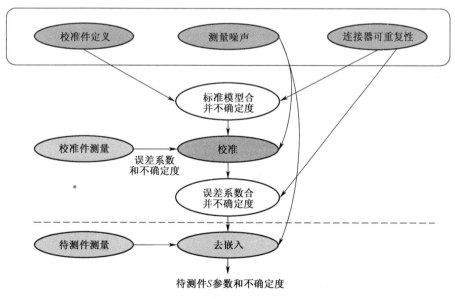

图 2.2 不确定度传播流程图

除了不确定度传播,VNA 校准技术的选择也是非常重要的,因为它影响最终的测量精度。这一事实在第 3 章中进行了强调,并在毫米波频段从 S 参数测量及相关的不确定度的角度对两种不同的 VNA 校准技术进行了比较。

测得的散射参数(S 参数)的方差和协方差也影响最终的测量不确定度。对于一个二端口网络,S 参数如 S_{11} 间的方差可写为

$$\overline{\delta S_{11} \delta S_{11}^*} = \sum_{r=1,2} \sum_{t=1,2} \left[(\boldsymbol{A}^{-1})_{r1} \overline{\delta \beta_{1r} \delta \beta_{1t}^*} (\boldsymbol{A}^{-1})_{t1}^* \right] \quad (2.7)$$

以及

$$\overline{\delta \beta_{1r} \delta \beta_{1t}^*} = \overline{\delta \beta_{e,1r} \delta \beta_{e,1t}^*} + \overline{\delta \beta_{m,1r} \delta \beta_{m,1t}^*} \quad (2.8)$$

式中:上画线表示统计平均;$\delta \beta_{e,1r}$、$\delta \beta_{e,1t}$、$\delta \beta_{m,1r}$ 和 $\delta \beta_{m,1t}$ 分别是 $\delta \beta_e$ 和 $\delta \beta_m$ 的元素;$\delta \beta_{e,1t}^*$ 和 $\delta \beta_{m,1t}^*$ 分别是 $\delta \beta_{e,1t}$ 和 $\delta \beta_{m,1t}$ 的复共轭。

测得的二端口 S 参数的方差/协方差矩阵 $\boldsymbol{V}_{s,2p}$ 如下:

$$\boldsymbol{V}_{s,2p} = \begin{bmatrix} \overline{\delta S_{11} \delta S_{11}^*} & \overline{\delta S_{11} \delta S_{12}^*} & \overline{\delta S_{11} \delta S_{21}^*} & \overline{\delta S_{11} \delta S_{22}^*} \\ \overline{\delta S_{12} \delta S_{11}^*} & \overline{\delta S_{12} \delta S_{12}^*} & \overline{\delta S_{12} \delta S_{21}^*} & \overline{\delta S_{12} \delta S_{22}^*} \\ \overline{\delta S_{21} \delta S_{11}^*} & \overline{\delta S_{21} \delta S_{12}^*} & \overline{\delta S_{21} \delta S_{21}^*} & \overline{\delta S_{21} \delta S_{22}^*} \\ \overline{\delta S_{22} \delta S_{11}^*} & \overline{\delta S_{22} \delta S_{12}^*} & \overline{\delta S_{22} \delta S_{21}^*} & \overline{\delta S_{22} \delta S_{22}^*} \end{bmatrix} \quad (2.9)$$

$\boldsymbol{V}_{s,2p}$ 矩阵的每个元素是一个 2×2 的实矩阵。例如,$\overline{\delta S_{11} \delta S_{11}^*}$ 可写作如下的矩阵形式:

$$\overline{\delta S_{11} \delta S_{11}^*} = \begin{bmatrix} \sigma_{\mathrm{Re} S_{11}}^2 & \sigma_{\mathrm{Re} S_{11} \mathrm{Im} S_{11}} \\ \sigma_{\mathrm{Im} S_{11} \mathrm{Re} S_{11}} & \sigma_{\mathrm{Im} S_{11}}^2 \end{bmatrix} \quad (2.10)$$

式中:$\sigma_{\mathrm{Re} S_{11}}^2$ 和 $\sigma_{\mathrm{Im} S_{11}}^2$ 分别是 S_{11} 的实部和虚部的方差;$\sigma_{\mathrm{Re} S_{11} \mathrm{Im} S_{11}}$ 是 S_{11} 的实部和虚部间的协方差。

基于不确定度传播理论[9-10],运用 1.4.2 节的式(1.43)和式(1.44),可由 $\boldsymbol{V}_{s,2p}$ 矩阵的对角元素来计算 S 参数的不确定度。

上述 VNA 校准模型以及 S 参数不确定度评估以软件的形式实现,即微波测量软件版本 4(Microwave Measurement Software version 4.0,MMS4)。该软件基于文献[5]中描述的不确定度评估的完全解析方法。它考虑了复值 S 参数实部和虚部间的关联性,可提供 S 参数的完全协方差矩阵。MMS4 由高频工程(High Frequency Engineering,HFE)[11]开发来进行高级的多端口微波测量和不确定度评估。在后面的小节中,分别针对两类不同的波导 WR15 和 WR10,给出运用 VNA 进行 S 参数测量和不确定度评估的例子。

2.3 待测量和测量设备

所测校准件包含两套校准套件。第一套是频率范围为 50~75GHz 的 WR15 校准套件,第二套是频率范围为 75~110GHz 的 WR10 校准套件。每套校准套件包含 1 个短路校准件、1 个负载校准件、1 个 $\lambda/4$ 垫片及 1 个用作待测件(DUT)的长 5 cm 传输线。校准套件是安捷伦科技公司的 WR15 波导的 V11644A 型号和 WR10 波导的 W11644A 型号。采用 TRL 校准技术[12]来校准 VNA。待测量是负载校准件和短路校准件的一端口反射系数(S_{11})以及垫片和传输线的全部 S 参数(S_{11}, S_{22}, S_{21}, S_{12})。

采用的测量设备是覆盖的频率范围为 10MHz~50GHz 的二端口 VNA(安捷伦科技公司,型号 E8364C)。两个毫米波扩展器(对应 WR15 的型号为 OML V15VNA2-T/R,对应 WR10 的型号为 V10VNA2-T/R)被用来将频率范围扩展至 110GHz。为了获得精准的端口对准,毫米波扩展器放置在定制的具有 6 个自由度的位移台上。测量过程在具有稳定的温度(23±0.3℃)和相对湿度(45%±5%)的屏蔽室中进行。

VNA 工作在标称功率电平,对于 WR15 波导为 +8dBm,对于 WR10 波导为 +5dBm。在每个频点处,测量重复了 5 次,且每次测量重新连接 DUT,以考虑连接的可重复性。图 2.3 给出了测量系统的实物图。测量是在意大利国家计量研究院(INRiM)进行的。

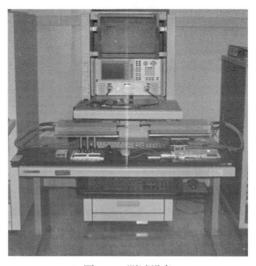

图 2.3 测试设备

2.4 尺寸测量

为了计算理论上的 S 参数及其不确定度,在 INRiM 进行了尺寸测量。为了提供进一步的电磁测量验证,对用作 DUT 的 WR15 和 WR10 波导垫片进行了尺寸表征。

用机械方式测量的垫片包括零垫片和偏置($\lambda/4$)垫片。机械法测得的参数包括截面的高度、宽度以及位于垫片中央的矩形波导的长度。矩形波导的短边在 2 个相对于中间对称的位置 A 和位置 B 进行测量,而长边则在中央位置进行测量,如图 2.4 所示。厚度测量在 4 个点进行,它们围绕矩形孔的边均匀分布,同样如图 2.4 所示。采用类似的机械测量过程对零垫片和偏置($\lambda/4$)垫片进行了测量。

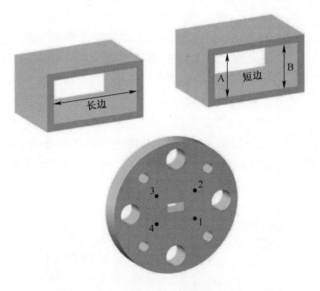

图 2.4 垫片尺寸测量位置

对垫片进行尺寸表征的第一步是确定测量位置。这是通过将垫片安装在带接触探头的一维干涉比较器(Interferometric 1D comparator)上来确定的。以波导矩形孔的长边为参考,将待测件的边与比较器测量轴(Measuring axis)对齐。对于厚度测量,垫片垂直放在台座上,使待测边与一维比较器的测量轴垂直。接触探头沿着垫片的一边进行 Z 向移动来检验垂直对准度。对于垫片的两面,都在其中央矩形孔四角的 4 个对称位置实现探针接触并获得干涉计读数。由于内壁的尺寸小,测量探头无法测量其粗糙度。通过对测试时的环境参数进行计算,考虑空气的折射率以及 DUT 的温度对干涉读数进行了修正。通过与国家长度标准对比,校正了激光干涉仪在真空中的波长。通过安装在同一一维比较器上的尺寸参考标准（INRiM 认证），确定了接触球的直径以及比例探头的常数。

尺寸测量的不确定度是 1.5μm。该不确定度基本上就是重复性尺寸测量的标准偏差。测量仪器的不确定度是 0.1μm，远小于尺寸测量的不确定度。预期的理论 S 参数及其不确定度采用尺寸测量结果及其不确定度计算得到。对反射和传输 S 参数都进行了计算。

对矩形波导校准件，其反射 S 参数采用文献[14]中的式(2.3)计算得到，而传输参数则依据波导校准系数数学模型[15]计算得到，即式(1.21)和式(1.22)。采用了制造商提供的电阻率即 22.14nΩ/m。依据 GUM[9] 评估了计算出来的 S 参数的不确定度。

2.5 测量结果

对短路校准件、负载校准件、垫片和传输线校准件进行了测量和不确定度评估，这些校准件在 WR15 和 WR10 校准套件中均有。这里以图和数值的形式给出一些结果。图 2.5~图 2.8 给出了 WR15 和 WR10 短路校准件的反射系数测量结果及其不确定度。图 2.9~图 2.12 给出了 WR15 和 WR10 传输线校准件的传输系数结果。在图 2.10 和图 2.12 中，WR15 和 WR10 传输线校准件的传输系数相位测量结果的扩展不确定度放大了 50 倍，以便显示得更清楚。表 2.1 中给出的数据对比了 WR15 和 WR10 垫片的传输系数的计算和实测结果。为了获得 95%的可信度，选取覆盖因子 $k=2$ 来从联合标准不确定度（Combined standard uncertainty）计算出扩展不确定度 U。

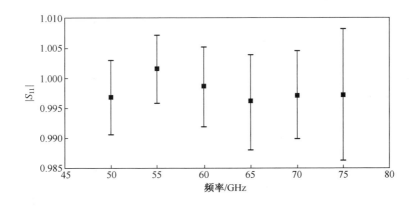

图 2.5　WR15 短路校准件的 $|S_{11}|$

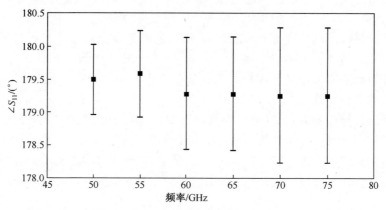

图 2.6 WR15 短路校准件的 $\angle S_{11}/(°)$

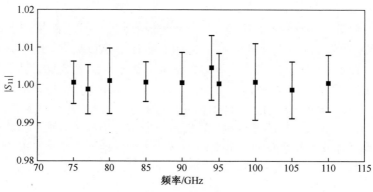

图 2.7 WR10 短路校准件的 $|S_{11}|$

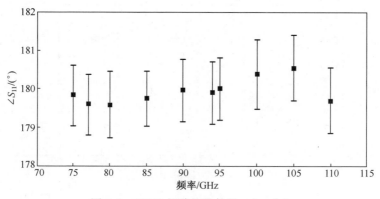

图 2.8 WR10 短路校准件的 $\angle S_{11}/(°)$

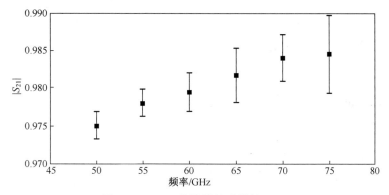

图 2.9　WR15 传输线校准件的 $|S_{21}|$

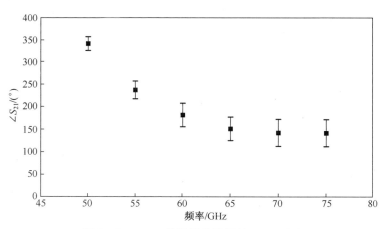

图 2.10　WR15 传输线校准件的 $\angle S_{21}/(°)$

为了更清楚地显示,扩展不确定度进行了 50 倍放大

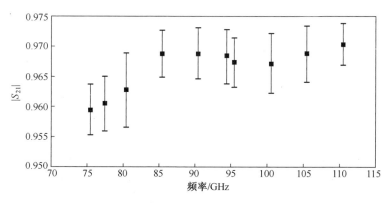

图 2.11　WR10 传输线校准件的 $|S_{21}|$

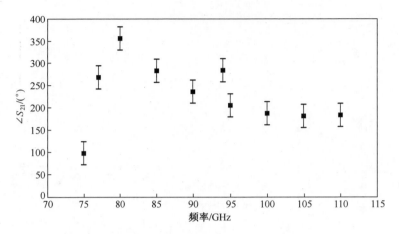

图 2.12　WR10 传输线标准件的 $\angle S_{21}/(°)$，
为了更清楚地显示，扩展不确定度进行了 50 倍放大

表 2.1　WR15 和 WR10 垫片（$|S_{21}|$）测试结果，
I 代表了计算和实测传输系数的兼容指数

f/GHz	计算数据		实测数据		$|I|$
	$|S_{21}|$	$U(|S_{21}|)$	$|S_{21}|$	$U(|S_{21}|)$	
50	0.9996	0.0012	0.9987	0.0019	0.3910
55	0.9996	0.0010	1.0005	0.0018	0.4155
60	0.9997	0.0009	0.9991	0.0027	0.2003
65	0.9997	0.0009	0.9988	0.0037	0.2345
70	0.9997	0.0008	1.0004	0.0031	0.2166
75	0.9997	0.0008	0.9999	0.0053	0.0350
75	0.9995	0.0015	1.0005	0.0044	0.2183
77	0.9995	0.0014	1.0011	0.0048	0.3179
80	0.9995	0.0013	1.0005	0.0064	0.1470
85	0.9996	0.0012	1.0024	0.0039	0.6921
90	0.9996	0.0011	1.0038	0.0044	0.9245
94	0.9996	0.0011	0.9979	0.0047	0.3541
95	0.9996	0.0011	1.0039	0.0042	0.9874
100	0.9996	0.0011	1.0008	0.0052	0.2214
105	0.9996	0.0010	0.9995	0.0047	0.0278
110	0.9996	0.0010	1.0009	0.0035	0.3454

2.6 不确定度预算

为了展示每个不确定度分量对最终联合标准不确定度的贡献,本节给出了一个不确定度预算的例子。

表2.2针对WR15和WR10短路校准件在特定频点的测量结果给出了一个不确定度预算,突出显示了各不确定度的贡献。测量不确定度的评估采用了文献[5]中描述的解析方法。考虑的不确定度分量包括连接器/电缆可重复性、测量噪声和校准件定义。各标准不确定度的贡献以平方和的根的形式来形成联合标准不确定度。

表 2.2 WR15 和 WR10 短路校准件($|S_{11}|$)不确定度预算

不确定度来源	概率分布	标准不确定度	
		WR15@55GHz	WR10@95GHz
连接器可重复性	正态	0.00272	0.00176
噪声	正态	0.00080	0.00344
校准件定义	正态	0.00009	0.00007
扩展不确定度($k=2$)		0.00567	0.00773

2.7 讨论

计算与实测的传输系数的吻合度可通过兼容指数(Compatibility index)(I)来进行解析评估;依据文献[16],对于标量(如S参数的幅度和相位)兼容指数的定义如下述方程所示:

$$I = (K_U^c - K_U^m) \left[U^2(K_U^c) + U^2(K_U^m) \right]^{-\frac{1}{2}} \quad (2.11)$$

式中:c为计算值;m为实测值;K_U为实测值;$U(K_U)$为待测量的相应的扩展不确定度。

考虑统计浮动性,如果兼容指数式(2.11)的模小于等于1,则数据间的差异是可接受的。

如表2.1中给出的计算和测量的传输系数数据之间的兼容指数I所示,对于所有进行比较的S参数数据,兼容指数均满足兼容条件,并且具有高度的兼容性。对所有结果计算了该兼容指数,总是能得到满意的吻合度。

TRL校准套件的每个校准件的特性参数在计算中均予以考虑,并且通过所采用的数学模型,它们的不确定度传播到了最终的结果。而且,不确定度评估方法允许完全考虑 S 参数的实部和虚部之间的关联性。因为假设不确定度棒是对称的,在某些频点处,反射 S 参数结果显示大于 1。

2.8 结论

本章讨论了波导的测量和不确定度分析。给出了测量不确定度的数学公式,也讨论了 VNA 不同误差源的传播。用不确定度评估方法计算了在毫米波频段(50~110GHz)一端口和二端口传输校准件的测量不确定度。在声明的不确定度范围内,所有的实测数据均与理论计算数据兼容。

本章中给出的 VNA 模型及不确定度解析处理可用于其他 VNA 波导测量设备。该不确定度方法也包含了复值 S 参数的实部和虚部之间的关联性,因而对最终的测量不确定度提供了更贴合实际的估计。

参 考 文 献

1. Yueyan S, Oberto L, Meng YS, Neo H, Brunetti L,Sellone M (2012) Scattering parameter measurement comparison between NMC and INRIM on vector network analyzer usingWR15 and WR10 connectors. In: Conference on Precision Electromagnetic Measurements (CPEM) (2012), pp 96-97

2. Sellone M, Oberto L, Shan Y, Meng YS, Brunetti L, Shoaib N (2013) Comparison of Sparameter measurements at millimeter wavelengths between INRIM and NMC. IEEE Trans Instrum Meas 63(7):1810-1817

3. Shoaib N, Sellone M, Oberto L, Brunetti L, ShanY, MengYS(2014) Phase comparison between NMC and INRIM on scattering parameter measurements with WR15 andWR10 connections. In: Conference on precision electromagnetic measurements (CPEM 2014), Rio de Janeiro, Brazil, pp 168-169, 24-29 Aug 2014

4. Ferrero A, Teppati V, GarelliM, Neri A (2008) A novel calibration algorithm for a special class of multiport vector network analyzer. IEEE Trans Microw Theory Tech 56:693-699

5. Garelli M, Ferrero A (2012) A unified theory for S-parameter uncertainty evaluation. IEEE Trans Microw Theory Tech 60(12):3844-385

6. Ferrero A, Sanpietro F (1995) A simplified algorithm for leaky network analyzer calibration. IEEE Micro Guide Wave Lett 5(4):119-121

7. Ferrero A, Pisani U, Kerwin K (1992) A new implementation of a multiport automatic network analyzer. IEEE Trans Microw Theory Tech. 40(11):2078-2085

8. Ferrero A, Garelli M, Grossman B, Choon S, Teppati V (2011) Uncertainty in multiport Sparame-

ters measurements. In: 77th IEEE microwave measurement conference (ARFTG), pp1-4

9. BIPM, IEC, IFCC, ILAC, ISO, IUPAC, IUPAP and OIML (2008) JCGM 100:2008, evaluation of measurement data—guide to the expression of uncertainty in measurement. International Organization for Standardization (ISO). http://www.bipm.org/en/publications/guides/gum.html

10. Taylor JR (1982) An introduction to error analysis, the study of uncertainties in physical measurements., 2nd edn. University Science Books, Sausalito

11. HFE high frequency engineering, Sagl Zona Industriale San Vittore (GR), Switzerland, http://www.HFEmicro.ch

12. Engen GF, Hoer CA (1979) Thru-reflect-line: an improved technique for calibrating the dual six port automatic network analyzer. IEEE Trans Microw Theory Tech 27:987-993

13. Bellotti R (2012) Rapporto di prova n. 12-0051-01. Technical report, Istituto Nazionale di Ricerca metrologica - INRIM, Torino

14. Dudley RA, RidlerNM (2003) Traceability via the internet for microwavemeasurements using vector network analyzers. IEEE Trans Instrum Meas 52(1):130-134

15. Agilent, Agilent application note 1287-11. Specifying calibration standards and kits for agilent vector network analyzers, http://www.agilent.com

16. European co-operation for accreditation, EA-02/03 guide. Interlaboratory comparison. http://www.european-accreditation.org

第3章
VNA校准对比

摘要: VNA校准过程可表征并降低仪器的原始测量数据中的系统误差。测量的精度主要依赖于VNA的校准质量。因此,校准方法的选择非常关键。本章的目的是对毫米波频段的最新的二端口VNA校准技术进行比较。该比较将有助于分析两种不同的VNA校准技术的效率。

3.1 引言

校准是采用VNA获得准确测量结果的一个关键步骤[1]。在过去的数十年里,对VNA的校准技术进行了深入的研究,已经对它们的优缺点进行了报道。有多种校准算法来校准二端口VNA[2-23]。本章将讨论并对比最新的二端口校准技术:直通-反射-传输线(TRL)[13]以及快速短路-开路-负载-直通(QSOLT)[21,22]。本节给出了通过TRL和QSOLT校准技术获得的WR10波导的测量结果[24,25]。

进行该对比的目的是运用2.2节已经讨论过的纯解析方法在毫米波频段,从S参数测量及相关不确定度(Related uncertainty)的角度,分析两种不同的VNA校准技术的效率[26]。对比中,通过WR10波导的尺寸表征作为校准件定义,并将它们传播来评估最终的不确定度。也验证了QSOLT作为波导测量的校准技术并可追溯到国际单位系统(International System of units,SI)的可行性。关于使用VNA校准技术进行S参数测量及不确定度评估,在过去已有许多研究工作报道。它们中的一些或者在微波频段讨论某种特定的校准技术[27,28],或者在相同的频段采用不同的校准技术[29-31]。矢量网络分析仪评估指南——EURAMET指南[32],也是基于精准传输线的零反射假设。然而,如文献[33]中所述,由于连接器的系统反射系数,该假设是不成立的。文献[34]中的工作基于复杂的数值方法且仅限于至微波频段的同轴校准件。运用纯解析方法进行不确定度分析也已经在文献[26]中报道,但限于至微波频段的同轴校准件。本章将运用纯解析方法[26],针对WR10波导校准件,给出VNA校准方法的对比。

3.2 校准技术

1.3.4 节已经对 TRL 和 QSOLT 校准技术进行了讨论。TRL 校准技术通常认为是最准确的校准技术之一。它需要一个未知反射系数的一端口反射校准件、一个直通校准件以及一个具有不同长度的传输线校准件,其特征阻抗决定测量系统的参考阻抗。进行校准时,并非必须知道传输线的长度。但是,在精确计算传播常数时,需要知道该长度[13]。该校准技术通常应用在计量级。

QSOLT 校准技术只在一个端口使用一端口反射校准件、开路校准件及负载校准件和一个直通连接。参考阻抗由负载校准件定义。该校准方法实施起来更快,因为它只需更少的校准件连接。该校准技术的传输测量的精度很好。但是,对于校准过程中没有与校准件连接的端口,其反射测量的精度稍低些[21,22]。校准技术的选择是关键的,因为它影响测量精度。在表 3.1 中也给出了进行 TRL 和 QSOLT 校准时所需的校准件。

表 3.1 执行 TRL 和 QSOLT 校准技术所需的校准件

校准技术	所需校准件
TRL	直通
	未知反射
	传输线
QSOLT	短路
	开路
	负载
	直通

3.3 测量不确定度评价

使用文献[26]中描述的纯解析方法评价了 S 参数的不确定度。具体的数学模型及不确定度评估已经在 2.2 节中讨论。考虑的不确定度源包括校准件定义、测量噪声及连接器/电缆可重复性。为计算最终的不确定度,将不确定度源随特定的待测件测量过程进行了传播。不确定度评价所遵循的数学方法与测量中的不确定度表达指南(GUM)是兼容的[35]。对于 S 参数测量及不确定度评价,使用了一个软件亦即微波测量软件版本 4(MMS)。该软件基于[26]中描述的纯解析方法进行不确定评估,是由高频工程(HFE)所开发[36]。

3.4 待测量及测量设备

用于VNA校准的参考校准件包含一套商用的WR10 VNA波导校准套件,即Oleson微波实验室的V10-AL-33型号,其覆盖的频率范围是75~110GHz。对于TRL校准,两个测试端口的直接相连用作直通校准,短路校准件作为反射校准件连接在端口1和端口2,偏置($\lambda/4$)垫片用作传输线校准件。对于QSOLT校准,短路件用作短路校准件,偏置($\lambda/4$)垫片和短路件(偏置-短路)一起用作开路校准件,零垫片和短路件(偏置-短路)一起用作负载校准件,两个测试端口的直接相连用作直通校准件。短路、开路、负载校准件只在端口1连接。偏置($\lambda/4$)垫片和短路件(偏置-短路)被用作开路校准件是因为在波导校准件中不存在开路校准件,这是由波导开路端的辐射效应导致的。同样地,零垫片和短路件(偏置-短路)被用作负载校准件是因为零垫片和短路件相比于负载校准件更容易进行尺寸表征。表3.2总结了对比实验所用的校准件。采用惠普的W11644A型号的WR10波导校准套件中的精密负载和传输线校准件作为DUT。待测量包括精密负载和传输线的反射系数(S_{11},S_{22})以及同一精密传输线校准件的传输系数(S_{21},S_{12})。

所用的测量设备是一个覆盖频率范围为10 MHz~50 GHz二端口VNA(安捷伦公司,型号E8364C)。WR10毫米波扩展器(OML V10VNA2-T/R)用来将频率范围扩展至75~110GHz。测量在具有稳定的温度(23±0.3℃)和相对湿度(45%±5%)的屏蔽室中进行。VNA工作在正常的功率电平+5dBm。所用的测量设备的实物图已经在2.3节的图2.3中给出。

表3.2 用于校准对比的校准件

校准技术	所用校准件
TRL	直通(直接连接)
	短路
	偏置($\lambda/4$)垫片
QSOLT	短路
	偏置($\lambda/4$)垫片+短路
	零垫片+短路
	直通(直接连接)

3.5 尺寸表征

对用于 VNA 校准的校准套件中的 WR10 垫片进行了尺寸表征[37]以获得校准件的真实的不确定度。测量尺寸的垫片包括零垫片和偏置($\lambda/4$)垫片。机械测量的参数包括横截面高度、宽度、位于垫片中央的矩形波导长度。详尽的尺寸测量过程已经在 2.4 节进行了讨论。

采用尺寸测量结果及其不确定度计算了预期的理论 S 参数值及不确定度。对于矩形波导校准件,采用文献[1]中 3.3.2 节给出的数学方程计算了矩形波导校准件的反射参数。依据波导校准系数数学模型[38],采用 1.3.2 节给出的式(1.21)和式(1.22)计算了传输参数。此外,对一端口和二端口校准件,采用蒙特卡罗模拟迭代 10000 次来计算 S 参数的实部/虚部的方差和协方差。如文献[26]中所推荐,采用蒙特卡罗方法是因为相比于其他任何解析方法,它的计算需求更低且更灵活。使用蒙特卡罗仿真得到的一端口和二端口校准件的 S 参数的实部/虚部方差和协方差,被置入到了 MMS4 软件的数据库中。然后,该软件对于一端口和二端口器件,依据 GUM[35]采用实部/虚部方差和协方差计算校准件定义的不确定度。

3.6 测量结果

运用 WR10 校准件实现了 2 端口的 TRL 和 QSOLT 校准。对于 TRL 校准,测量了一个直通校准件(两个测试端口之间直接相连)、一个端口 1 和端口 2 处的短路校准件以及一个偏置($\lambda/4$)垫片。保存了这些校准件的测量结果。为了进行 QSOLT 校准,只测量了开路(偏置($\lambda/4$)垫片+短路)和负载(零垫片+短路),使用了在之前的 TRL 短路和直通校准中保存的数据,以避免任何额外的重复性误差。然后运用 TRL 和 QSOLT 校准来修正作为 DUT 的 WR-10 负载和传输线校准件的原始数据。图 3.1~图 3.4 给出了 WR-10 负载校准件的反射系数测量结果以及相应的不确定度。传输系数测量结果及相应的不确定度在图 3.5、图 3.6 中给出。对于传输线校准件,传输系数相位测量的扩展不确定度被放大了 50 倍以更好地展示,如图 3.6 所示。在端口 1 和端口 2 处展示了负载测量结果以便突出如下事实:QSOLT 对于在校准过程中没有连接的端口的反射系数测量具有较差的精度。覆盖因子 $k=2$ 以便以 95% 的置信度从联合标准不确定度计算扩展不确定度。

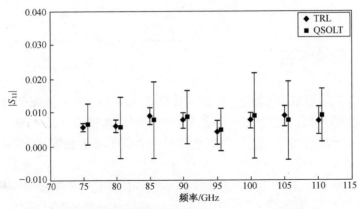

图 3.1 对于 WR-10 负载校准件使用 TRL 和 QSOLT 校准后的 $|S_{11}|$，为了更好地呈现结果频率轴有些轻微的偏移

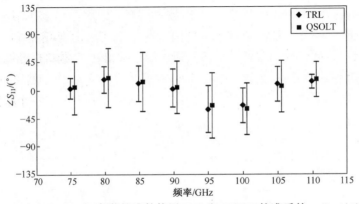

图 3.2 对于 WR-10 负载校准件使用 TRL 和 QSOLT 校准后的 $\angle S_{11}/(°)$，为了更好地呈现结果频率轴有些轻微的偏移

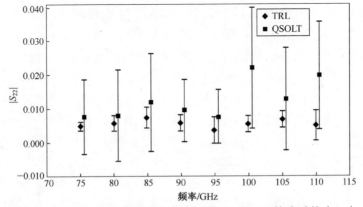

图 3.3 对于 WR-10 负载校准件使用 TRL 和 QSOLT 校准后的 $|S_{22}|$，为了更好地呈现结果频率轴有些轻微的偏移

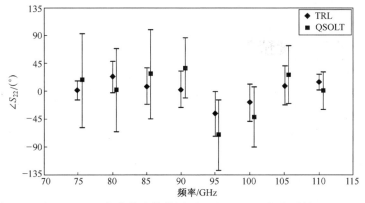

图 3.4　对于 WR-10 负载校准件使用 TRL 和 QSOLT 校准后的 $\angle S_{22}/(°)$，
为了更好地呈现结果频率轴有些轻微的偏移

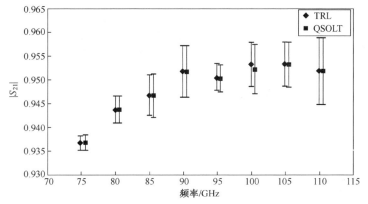

图 3.5　对于 WR-10 传输线校准件使用 TRL 和 QSOLT 校准后的 $|S_{21}|$，
为了更好地呈现结果频率轴有些轻微的偏移

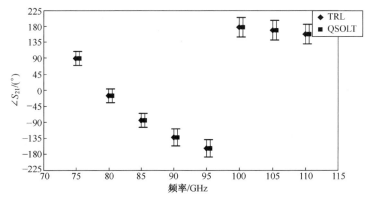

图 3.6　对于 WR-10 传输线校准件使用 TRL 和 QSOLT 校准后的 $\angle S_{21}/(°)$，传输系数相位测量
的扩展不确定度被放大了 50 倍以更好的展示，为了更好地呈现结果频率轴有些轻微的偏移

3.7 不确定度预算

表 3.3 给出了 90GHz 处的不确定度预算的一个例子,以端口 2 处的 WR-10 负载校准件的反射系数为例,以便展示每个单独的不确定度分量对最终联合不确定度的贡献。考虑的不确定度分量包括连接器/电缆可重复性、测量噪声,以及校准件定义。不确定度贡献假设为服从正态概率密度函数。不同的校准件不确定度贡献以均方根的形式被联合以形成联合标准不确定度。

表 3.3 90GHz 处的 WR10 负载的不确定度预算

不确定度源	标准不确定度			
	WR10 负载($\vert S_{22}\vert$)		WR10 负载($\angle S_{22}/(°)$)	
	TRL	QSOLT	TRL	QSOLT
连接可重复性	0.0019	0.00395	15.2073	15.7380
噪声	0.00003	0.00047	0.1687	2.8105
校准件定义	0.00002	0.00221	0.7265	18.3867
扩展不确定度($k=2$)	0.00238	0.00910	30.4512	48.7300

3.8 讨论

由图 3.1~图 3.6 可看出,运用 TRL 和 QSOLT 校准技术获得的结果具有良好的吻合度。特别是,使用 TRL 和 QSOLT 校准获得的传输系数及其不确定度彼此吻合良好,如图 3.5 和图 3.6 所示。如图 3.3 和图 3.4 所示,端口 2 处的负载校准件的反射系数测量结果,对于 TRL 和 QSOLT 校准具有一些非常显著的差别。这是因为,从定义上看,QSOLT 在校准过程中在端口 2 处没有反射校准件,因此测量端口 2 时产生了噪声,从而具有相比于 TRL 较差精度的结果。同样,对于反射测量也可以观察到使用 QSOLT 校准获得的不确定度总是高于 TRL。这是由如下因素造成的:QSOLT 在端口 2 处没有反射连接,这使得噪声不确定度贡献高于 TRL 的情形;QSOLT 使用了比 TRL 更多数目的一端口校准件,这导致更大的校准件定义不确定度;连接器可重复性不确定度对于 QSOLT 更大。可重复性不确定度贡献考虑了影响校准件的可重复性和文献[26]中描述的 DUT 测量的可重复性。表 3.3 中给出的不确定度预算例子也证实了这些事实。

3.9 结论

本章描述了采用两种不同的 VNA 校准技术进行的 WR10 波导的测量及不确定度分析比较。校准的对比涉及 TRL 和 QSOLT 校准技术的对比,并以毫米波频段(75~110GHz)的一端口和二端口校准件的 S 参数测量及不确定度为对象。S 参数结果对于一端口和二端口 DUT 的反射测量,表明相比于 QSOLT,TRL 校准技术更好。但是,对于传输测量,两种校准技术提供了同等级的精度。总之,QSOLT 可用于波导校准件。由于所有的校准件可机械测量,QSOLT 可替代 TRL 作为在毫米波频段的计量级校准技术,来使 S 参数测量结果可追溯到 SI。

参 考 文 献

1. Hiebel M, (2007) "Fundamentals of Vector Network Analysis", 2nd edn, Rohde & Schwarz GmbH & Co., Germany. ISBN 978-3-939837-06-0
2. Eul HJ, Schiek B (1991) A generalized theory and new calibration procedures for network analyzer self-calibration. IEEE Trans. Microwave Theory Tech. 39(4):724-731
3. KruppaW, Sodomsky KF (1971) "An explicit solution for the scattering parameters of a linear two-port measured with an imperfect test set", IEEE Trans. Microwave Theory Tech., vol. MTT-19 (1): 122-123
4. Rehnmark S (1974) On the calibration process of automatic network analyzer systems. IEEE Trans. Microwave Theory Tech. 22(4):457-458
5. Engen GF (1974) "Calibration technique for automated network analyzers with application to adapter evaluation", IEEE Trans. Microwave Theory Tech. MTT-22:1255-1260
6. Franzen NR, Speciale RA (1975) "A new procedure for System Calibration and error removal in automated Sparameter measurements". In: Proceedings of the 5th European Microwave Conference (Hamburg) pp 69-73
7. Fitzpatrick J (1978) Error models for system measurement. Microwave Journal 21:63-66
8. Padmanabhan S, Kirby P, Daniel J, Dunleavy L (2003) "Accurate broadband on-wafer SOLT calibrations with complex load and thru models", In: Proceedings of the 61st ARFTG Microwave Measurements Conference Berlin,Springer, p. 5-10
9. Blackham D, Wong K (2005) Latest advances in VNA accuracy enhancements. Microwave Journal 48:78-94
10. Ridler N, Nazoa N (2006) "Using simple calibration load models to improve accuracy of vector network analyser measurements", In: Proceedings of the 67th ARFTG Microwave Measurements Conference, Springer, Berlin, pp. 104-110
11. Engen GF, Hoer CA (1978) "The Application of "Thru-Short-Delay" to the Calibration of the Dual Six-Port", IEEE-MTT-S International Microwave Symposium Digest, pp. 184-185

12. Engen GF, Hoer CA (1979) "Thru-Load-Delay: An Improved Technique for Calibrating the Dual Six-Port", IEEE-MTT-S International Microwave Symposium Digest, p 53
13. Engen GF, Hoer CA (1979) "Thru-reflect-line: An improved technique for calibrating the dual six port automatic network analyzer", IEEE Trans. Microwave Theory Tech. MTT-27: 987–993
14. Marks RB (1991) Amultilinemethod of network analyzer calibration. IEEE Trans. Microwave Theory Tech. 39(7):1205–1215
15. Williams DF, Wang JCM, Arz U (2003) An optimal vector-network-analyzer calibration algorithm. IEEE Trans. Microwave Theory Tech. 51(12):2391–2401
16. Williams DF, Marks RB, Davidson A (1991) "Comparison of on-wafer calibrations", In: Proceedings of the 38th ARFTG Microwave Measurements Conference Fall, pp 68–81
17. EulHJ, Schiek B (1988) "Thru-match-reflect:One result of a rigorous theory for de-embedding and network analyzer calibration", In: Proceedings of the 18th European Microwave Conference Stockholm, Sweden, pp 909–914
18. Soares RA, Gouzien P, Legaud P, Follot G (1989) A unified mathematical approach to two-port calibration techniques and some applications. IEEE Trans. Microwave Theory Tech. 37: 1660–1674
19. Silvonen KI (1991) Calibration of test fixtures using at least two standards. IEEE Trans. Microwave Theory Tech. 39:624–630
20. Ferrero A, Pisani U (1992) Two-Port Network Analyzer calibration using an unknown thru. IEEE Microwave and Guided Wave Letters 2(12):505–507
21. Ferrero A, Pisani U (1991) "QSOLT: A new fast calibration algorithm for two port S parameter measurements", In: Proceedings of the 38th ARFTG Conf. Dig. , San Diego, CA, pp 15–24
22. Eul HJ, Schiek B (1991) Reducing the number of calibration standards for network analyzer calibration. IEEE Trans. Instrum. Meas. 40(4):732–735
23. ShoaibN(2012) Anovel inconsistency condition for 2-port vector network analyzer calibration. Microwave Opt. Technol. Lett. 54(10):2372–2375
24. Shoaib N, Sellone M, Ferrero A, Oberto L, Brunetti L (2013) "Error propagation with different calibration techniques at millimeter frequencies", In: Proceedings of the 82nd ARFTG Microwave Measurement Symposium, Columbus, Ohio, USA, pp 1–3
25. Shoaib N, Sellone M, Oberto L, Brunetti L (2014) "Error propagation with TRL and QSOLT calibration techniques at millimeter frequencies", INRIM technical report, T. R. 14/2014, pp 1–22
26. GarelliM, FerreroA (2012) "AUnified Theory for S-parameter Uncertainty Evaluation", IEEE Trans. Microwave Theory Tech. 60(12):3844–3855
27. Stumper U (2005) Uncertainty of VNA S-parameter measurement due to nonideal TRL calibration items. IEEE Trans. Instrum. Measure. 54:676–679
28. Williams D, Wang C (2003) "An optimal multiline TRL calibration algorithm", MTT-S International Microwave Symposium Digest, pp 1819–1822
29. Sanpietro F, Ferrero A, Pisani U, Brunetti L (1995) "Accuracy of a multiport vector network analyzer", IEEE Trans. Instrum. Measure. 44(2):304–307
30. Martens J, Judge D, Bigelow J (2004) "Uncertainties associated with many-port (>4) Sparame-

ter measuremets using a four port vector network analyzer", IEEE Trans. Microwave Theory Tech. MTT-52(5):1361-1368

31. Stumper U (2007) Uncertainties of VNA S-parameter measurements applying the TAN selfcalibration method. IEEE Trans. Instrum. Measure. 56:597-600

32. European Association of National Metrology Institutes (EURAMET), "EURAMET cg-12 v.2.0, guidelines on the evaluation of vector network analyzers (VNA)", March 2011 [Online]. http://www.euramet.org/index.php?id=calibration-guides

33. Hoffmann J, Leuchtman P, Ruefenacht J, Wong K (2009) "S-parameters of slotted and slotless coaxial connectors", In: Proceedings of the 74th ARFTG Microwave Measurement Symposium, pp 1-5

34. Wollensack M (2012) "VNA Tools II: S-parameter uncertainty calculation", In: Proceedings of the 79th ARFTG Microwave Measurement Conference, p 1-5

35. BIPM, IEC, IFCC, ILAC, ISO, IUPAC, IUPAP and OIML, "JCGM 100:2008, evaluation of measurement data-Guide to the expression of uncertainty in measurement", InternationalOrganization for Standardization (ISO), Sep. 2008 [Online]. http://www.bipm.org/en/publications/guides/gum.html

36. "HFE High Frequency Engineering Sagl Zona Industriale San Vittore (GR)", Switzerland [Online]. http://www.HFEmicro.ch

37. Bellotti R (2013) Rapporto di prova n. 13-0323-01. Tech. Rep, Istituto Nazionale di Ricerca metrologica – INRIM, Torino

38. Agilent, "Agilent Application Note 1287-11, Specifying Calibration Standards and Kits for Agilent Vector Network Analyzers", [Online]. http://www.agilent.com

第4章
VNA连接的可重复性研究

摘要： 连接的可重复性是 VNA 测量中的不确定度来源之一。对它进行研究有助于理解重复性 VNA 测量的可变性(Variability)。本章将阐述毫米波频段的 VNA 连接的可重复性研究，还将描述连接可重复性的数学公式。

4.1 引言

随着工作频率的增加，标准波导的孔径尺寸将变小。特别地，在毫米波频段，这些孔径尺寸变得特别小，也就是在毫米量级。因此，为了获得可靠的和可重复的散射参数(S 参数)测量结果，精确而可重复的尺寸对齐变得非常重要。波导的轻微错位也将引起界面处的反射。这种错位将导致电特性测量的系统和随机误差。因此，连接可重复性的研究对于分析重复性测量的变化性和法兰的对齐机理是重要的。

本章给出毫米波频段 VNA 的连接可重复性研究。特别地，在 140~220GHz 频率范围内讨论了 WR05 波导校准件的连接可重复性[1]。研究了四个一端口器件：①平板(flush)短路；②偏置短路；③准匹配(Near-matched)负载；④失配负载。这些器件可用作 VNA 校准的校准件。计算了实验的标准偏差来观察由于法兰连接可重复性引起的测量结果的可变性。对实测的复值反射系数的实部和虚部都进行了独立的可重复性分析。在几乎相同的重复性测量条件下对每个 DUT 进行了 10 次测量(文献[2]：ISO JCGM 200:2012. 2.20 小节)。

4.2 数学公式

连接可重复性可定义为波导校准件的实测 S 参数的标准偏差。实验获得的标准偏差可作为检验由于法兰连接的可重复性引起的测量结果的可变性的量度[3]。由于测量结果是复数量,标准偏差的计算分别针对实测的复值反射系数的实部和虚部进行。

假设 Γ 是测得的复值反射系数,而 Γ_R 和 Γ_I 是它的实部和虚部,那么 Γ 可写为:

$$\Gamma = \Gamma_R + j\Gamma_I \tag{4.1}$$

其中 $j^2 = -1$。对于 Γ 的 n 次重复测量,Γ_R 的均值可计算如下:

$$\overline{\Gamma}_R = \frac{1}{n}\sum_{k=1}^{n}\Gamma_{R_k} \tag{4.2}$$

实验的 Γ_R 标准偏差在数学上可表述如下:

$$\sigma(\Gamma_R) = \sqrt{\frac{1}{n-1}\sum_{k=1}^{n}(\Gamma_{R_k} - \overline{\Gamma_R})^2} \tag{4.3}$$

类似地,Γ_I 的均值可写作如下的数学形式:

$$\overline{\Gamma}_I = \frac{1}{n}\sum_{k=1}^{n}\Gamma_{I_k} \tag{4.4}$$

实验的 Γ_I 的标准偏差可计算如下:

$$\sigma(\Gamma_I) = \sqrt{\frac{1}{n-1}\sum_{k=1}^{n}(\Gamma_{I_k} - \overline{\Gamma_I})^2} \tag{4.5}$$

为了定量地理解这些数学公式,在 140~220GHz 频率范围内对 WR05 波导校准件进行了 VNA 测量。下文将给出不同待测器件(DUTs)的测量结果。每个频点处对每个器件测量了 10 次。采用每个 DUT 的 10 次重复测量结果对 $\sigma(\Gamma_R)$ 和 $\sigma(\Gamma_I)$ 的值在每个频点处进行了计算。

4.3 实验装置

国家物理实验室(NPL)所使用的测量设备是四端口安捷伦科技的 PNA-X 网络分析仪,型号为 N5247A,涵盖了 10MHz~67GHz 的频率范围。两个弗吉尼亚二极管公司(Virginia Diodes, Inc.)(VDi)的 WR5.1 毫米波扩展器,VNAX239 和 VNAX240 被用来将测量频率扩展至 140~220GHz。测量是在温度和相对湿度可控的屏蔽室中进行的。测量设备如图 4.1 所示。

使用一端口短路-开路-负载校准技术对 VNA 进行校准[4-8]。在波导环境中,由于开路波导末端的辐射效应导致没有开路标准件,因此偏置短路被用作开路

图 4.1　国家物理实验室的测试设备

校准件的一种可能实现方法。使用的校准套件是 VDiWR-5.1。表 4.1 给出了所用的一端口待测件。

表 4.1　用于连接可重复性研究的待测件

器件	型号
平板短路	VDi,序列号:SC 2-54
偏置短路	Flann 微波,序列号:177977
匹配负载	Flann 微波,序列号:177714
失配负载	Flann 微波,序列号:177962

4.4　测量结果

这里给出每个 DUT 的测量结果的实验标准偏差计算结果。复值实测反射系数的实部和虚部分别计算标准偏差。

4.4.1 平板短路测量

图 4.2 给出了平板短路的 $\sigma(\Gamma_R)$ 和 $\sigma(\Gamma_I)$ 的计算结果。按照等间隔频率选取的一些值也在表 4.2 中给出。

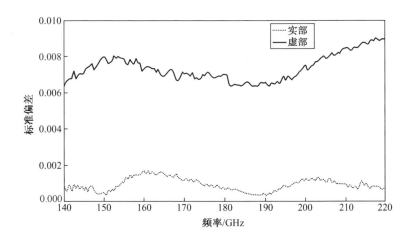

图 4.2 平板短路测量的 $\sigma(\Gamma_R)$ 值和 $\sigma(\Gamma_I)$ 值

表 4.2 在选定频点处平板短路的 $\sigma(\Gamma_R)$ 值和 $\sigma(\Gamma_I)$ 值

频率/GHz	$\sigma(\Gamma_R)$	$\sigma(\Gamma_I)$
140	0.0009	0.0063
160	0.0017	0.0073
180	0.0007	0.0070
200	0.0012	0.0075
220	0.0007	0.0090
均值	0.0010	0.0074

4.4.2 偏置短路测量

偏置短路的 $\sigma(\Gamma_R)$ 和 $\sigma(\Gamma_I)$ 的计算结果在图 4.3 中给出。按等间隔频率选取的一些值也在表 4.3 中给出。

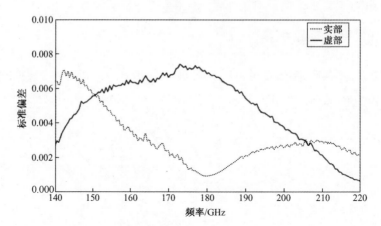

图 4.3 偏置短路测量的 $\sigma(\Gamma_R)$ 值和 $\sigma(\Gamma_I)$ 值

表 4.3 在选定频点处偏置短路的 $\sigma(\Gamma_R)$ 值和 $\sigma(\Gamma_I)$ 值

频率/GHz	$\sigma(\Gamma_R)$	$\sigma(\Gamma_I)$
140	0.0065	0.0027
160	0.0035	0.0066
180	0.0009	0.0070
200	0.0026	0.0038
220	0.0022	0.0006

4.4.3 准匹配负载测量

准匹配负载的 $\sigma(\Gamma_R)$ 和 $\sigma(\Gamma_I)$ 的计算结果在图 4.4 中给出。按等间隔频率选取的一些值也在表 4.4 中给出。

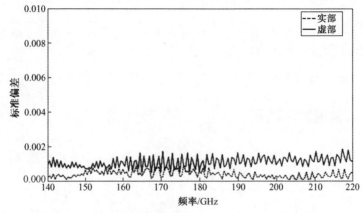

图 4.4 准匹配负载测量的 $\sigma(\Gamma_R)$ 值和 $\sigma(\Gamma_I)$ 值

表4.4 在选定频点处准匹配负载的$\sigma(\Gamma_R)$值和$\sigma(\Gamma_I)$值

频率/GHz	$\sigma(\Gamma_R)$	$\sigma(\Gamma_I)$
140	0.0002	0.0010
160	0.0007	0.0011
180	0.0006	0.0007
200	0.0003	0.0010
220	0.0005	0.0012
均值	0.0005	0.0010

4.4.4 失配负载测量

失配负载的$\sigma(\Gamma_R)$和$\sigma(\Gamma_I)$的计算结果在图4.5中给出。按等间隔频率选取的一些值也在表4.5中给出。

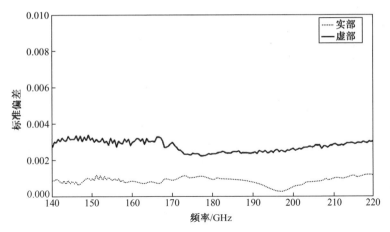

图4.5 失配负载测量的$\sigma(\Gamma_R)$值和$\sigma(\Gamma_I)$值

表4.5 在选定频点处失配负载的$\sigma(\Gamma_R)$值和$\sigma(\Gamma_I)$值

频率/GHz	$\sigma(\Gamma_R)$	$\sigma(\Gamma_I)$
140	0.0009	0.0027
160	0.0009	0.0031
180	0.0010	0.0024
200	0.0005	0.0027
220	0.0012	0.0031
均值	0.0009	0.0028

4.5 讨论

在所测的四个 DUT 中,实验的标准偏差趋势变化显著。对于平板短路情形,测得的反射系数的实部和虚部的实验标准偏差随频率的变化并不显著。准匹配负载和失配负载的情形也类似。但是,对于偏置短路,测得的反射系数的实部和虚部随频率发生显著的变化。该趋势是由图 4.6 所示的反射系数的相位随频率的变化所致。该相位变化是偏置短路的偏置长度引起的。可观察到,当反射系数相位越过零度时,实部的实验标准偏差达到最小值而虚部的实验标准偏差达到最大值。当反射系数相位接近+45°或-45°时。还可以看到实部的实验标准偏差与虚部的实验标准偏差之比趋近于 1。

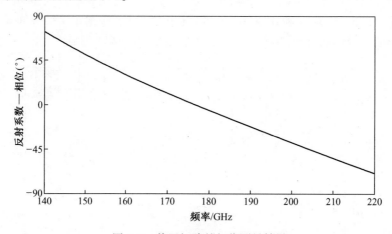

图 4.6 偏置短路的相位测量结果

对于平板短路,虚部的标准偏差几乎比实部的标准偏差大 7 倍。对于准匹配负载,虚部的标准偏差几乎比实部的标准偏差大 2 倍。对于失配负载,虚部的标准偏差几乎比实部的标准偏差大 3 倍。在所有这三种情形中,需要一个椭圆来包含 DUT 的测量值的分散性,该椭圆的尺寸和朝向相对于频率几乎保持不变。

最后,对于偏置短路,虚部的标准偏差与实部的标准偏差的比值随频率显著变化。因此,即使需要一个椭圆来包含该 DUT 的测量结果的分散性,但是该椭圆的尺寸和朝向随频率显著变化。

4.6 结论

本章给出了频率范围为 140~220GHz 的 WR05 波导校准件的 VNA 法兰连接

可重复性研究结果。研究中使用了四种器件：平板短路，偏置短路，准匹配负载，失配负载。可重复性分析建立在对每个DUT在每个频点处进行重复测量并计算实验标准偏差的基础上，以突显测量数据的可变性。对复值反射系数的实部和虚部分别进行了分析。每个DUT的典型的实验标准偏差如下：准匹配负载小于等于0.001，失配负载小于等于0.003，偏置短路小于等于0.007，平板短路小于等于0.008。

该连接可重复性研究突显了波导法兰对准机制对于毫米波VNA测量精度的重要性。同样的分析可在其他频段进行。可重复性结果接下来在评价VNA测量的完全不确定度时可作为一个不确定度贡献。

参 考 文 献

1. Shoaib N, RidlerNM, SalterMJ (2015) "Commissioning of theNPLWR-05Waveguide Network Analyser System for S-parameter Measurements from 140 GHz to 220 GHz", NPL Report TQE 12, ISSN: 1754-2995. National Physical Laboratory, UK, pp 1-29
2. JCGM 200:2012" International vocabulary of metrology basic and general concepts and associated terms", 3rd edn, 2012. www.bipm.org
3. BIPM, IFCC, ILAC, ISO, IUPAC, IUPAP and OIML, "JCGM 100:2008, evaluation of measurement data – Guide to the expression of uncertainty in measurement", International Organization for Standardization (ISO), Sep. 2008 [Online]. http://www.bipm.org/en/publications/guides/gum.html
4. Kruppa W, Sodomsky KF (1971) "An explicit solution for the scattering parameters of a linear two-portmeasured with an imperfect test set", IEEE Trans. Microwave TheoryTech. MTT-19(1), pp 122-123
5. Rehnmark S (1974) On the calibration process of automatic network analyzer systems. IEEE Trans. Microwave Theory Tech. 22(4):457-458
6. Engen GF (1974) "Calibration technique for automated network analyzers with application to adapter evaluation", IEEE Trans. Microwave Theory Tech. MTT-22:1255-1260
7. Franzen NR, Speciale RA (1975) "A new procedure for System Calibration and error removal in automated Sparameter measurements", In: Proceedings of the 5th European Microwave Conference (Hamburg) pp 69-73
8. Fitzpatrick J (1978) Error models for system measurement. Microwave Journal 21:63-66

第5章
VNA验证件

摘要: 有必要对 VNA 系统的性能进行验证,以便获得精准的测量结果且能溯源至国际单位系统(SI)。本章将描述用于验证 VNA 性能包括它们应用于同轴和波导系统可行性的合适的验证件(Verification artefacts)。还将讨论由于尺寸容差(Tolerances)以及法兰错位引起的验证件的传输损耗误差。

5.1 引言

在过去的数年里,人们在数百 GHz 频段的波导测量中引入了 VNA 仪器[1]。在波导系统中,较低频段的验证是通过精确的、降低高度的波导段来完成的。然而,在更高的毫米波、亚毫米波频段,加工精确的、降低高度的波导段对于机械加工而言是具有挑战性的,因为传统的波导孔径在该频段内具有小的截面尺寸。当前,在高于110GHz 频段的测量中,验证件是缺乏的或是难以溯源到 SI 的。

最近几年,交叉波导(Cross-guide)被提出来用作 110GHz 以上的测量的验证件。交叉波导是一种精密的波导段(垫片),当它接入测试链路时,其截面孔径与传统的波导截面孔径(即 VNA 测试端口参考面)是垂直的。这类器件提供了显著的传输损耗,从而可被用作验证件[2-7]。交叉波导可用作不同波导频段的可计算的验证件[7]。然而,当使用交叉波导时,传统的 UG-387 法兰的精密定位孔不再可用。另一方面,含有一个圆形孔(Circular iris)的垫片显现出与交叉波导相同的特性,但是它的优点是仍有可能运用精密的定位孔。而且,圆孔垫片相对来说比交叉波导更易加工。因此,定制的圆孔垫片也可用作验证件,因为将它们连至传统的矩形波导测试端口时也会引入显著的传输损耗[4]。这样,交叉波导和圆孔垫片均有潜力在110GHz 以上的频段作为验证 VNA 性能的衰减校准件。本章通过考虑尺寸容差和法兰错位对交叉波导和圆孔垫片进行了表征。对于交叉波导,尺寸容差包括高度、宽度、长度、倒角半径(Corner radii)容差;对于圆孔垫片,尺寸容差包括直径、长度容差。法兰错位信息包括法兰高度、宽度以及连接角度(Connection angle)错位。依据标准 IEEE std 1785.1-2012[8] 和 IEEE std 1785.2-2014[9] 中提供的参数信息,运用电磁理论计算了由尺寸容差和法兰错位引起的不同不确定度源。标准 IEEE std 1785.1-2012[8] 给出了有关尺寸容差的建议。交叉波导的法兰错位是由 UG-387 波导法兰的指标推导得来的[10],圆孔垫片的法兰错位是由 IEEE std 1785.2-2014 中的建议值推导得来的[9]。本章考虑分析的波导验证件包括:WR-05(140-220GHz)以及 WR-03(220-325GHz)交叉波导和定制的 WR-03 (220-325GHz)圆孔垫片[11,12]。

除了波导验证件,也介绍了同轴验证件。基于空气线设计、制作并分析了一种新颖的 N 型同轴验证件(DC-18GHz)。与现有的集总元件构成的 T 形或 π 形网络结构衰减标准件相比(如文献[13]),该同轴结构是一种相对简单的模型结构。该简单结构能实现可计算的标准件。通过考虑尺寸和介质材料容差,对测量不确定度进行了计算。

所有的数据分析均在复数域进行,亦即散射参数(S 参数)的实部和虚部。依据不确定度传播定律[16],计算了由不同误差源导致的测量不确定度。通过考虑 S 参数实部和虚部的相关性,依据不确定度的线性传播特性,将实部和虚部数据以及相应的不确定度转化为了幅度和相位[17]。电磁计算采用一款电磁仿真软件,亦即计算机仿真技术(Computer Simulation Technology, CST)微波工作室。实验结果与 CST 微波工作室软件预测的电特性进行了对比。

5.2 尺寸容差和法兰错位

运用电磁理论,可以计算由尺寸容差和法兰错位引起的验证件的传输损耗误差。在仿真中,采用了交叉波导孔径高度和宽度的标称值。采用一种光学方法对圆孔垫片的直径进行了测量。长度的测量采用了数字式微米计,其测量的不确定度为 3μm。交叉波导高度和宽度的容差等级信息来自于标准 IEEE 1785.1-2012[8]。具体地,选择了理想对齐波导的最大电压反射系数为-34 dB 的等级 0.5。法兰错位数据来自于标准 IEEE 1785.2-2014[9]。连接角度容差由传统的 UG-387 波导法兰指标推导而来[10]。圆孔垫片的法兰错位由标准 IEEE 1785.2-2014 中的建议值推导而来[9]。在表 5.1 中给出了交叉波导和圆孔垫片的尺寸容差及法兰错位。

还对 N 型同轴验证件进行了尺寸测量。同轴验证件的内、外导体直径通过微米计组成的机械装置得到。使用数字式微米计进行长度的测量。同轴验证件的尺寸及介电材料容差在表 5.2 中给出。还给出了从材料数据说明书中获取的聚四氟乙烯(PTFE)的介电常数数据。两种结构的同轴验证件剖面图在图 5.1 和图 5.2 中给出,特别标示了差异参数。

表 5.1 交叉波导和圆孔垫片的尺寸容差以及法兰错位

标准件名称	交叉波导									
	名义宽度 $a/\mu m$	名义高度 $b/\mu m$	长度 l_w/mm①	尺寸容差/μm			法兰错位/μm		
				宽度 Δa_w	高度 Δb_w	长度 Δl_w	宽度 Δa_{fl}	高度 Δb_{fl}	连接角度 $\Delta\Theta/°$
WR-05	1295	647.5	0.9890	6.5	6.5	3	150	150	1.2
WR-03	864	432.0	0.9830	4.3	4.3	3	150	150	1.2
	圆孔垫片								
	直径 $d_w/\mu m$					直径 Δd_w			
WR-03	499		0.9084	4.3	3	19	14	0.3	

表 5.2 N 型同轴验证件的容差

材料容差		
参数	数值/mm	容差/μm
外导体直径 d_{out}	7.00	10
内导体直径 d_{in}	3.04	10
内圆柱孔直径 d_h	1.57	10
圆柱体介质材料直径[第一种结构] d_{in}	3.04	10
圆柱体介质材料直径[第二种结构] d_{out}	7.00	10
内导体段长度 l_1	16.73	10
低截止段长度 l_2	4.00	10
内圆柱孔长度 l_3	3.00	10
介质材料内圆柱体长度 l_4	2.50	10
电介质容差		
参数	数值	容差
聚四氟乙烯(PTFE)介电常数 ε_r	2.1	±0.1

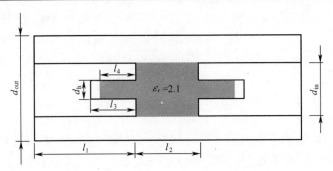

图 5.1 第一种同轴验证件剖面结构图

---

① 译者注:原文为 μm 有误。

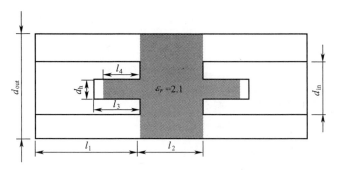

图 5.2　第二种同轴验证件剖面结构图

5.3　电磁仿真

运用 CST 微波工作室软件中的时域求解器计算了交叉波导、圆孔垫片、同轴验证件的电磁特性。运用频域求解器获得的仿真结果与时域求解器得到的结果之间的差别可以忽略。电磁特性是从复值 S 参数(更具体地,传输 S 参数)的角度定义的,且依据验证件的尺寸标称值和尺寸容差及法兰错位进行计算。在下面的小节里,对波导和同轴验证件的电磁仿真进行了概述。

5.3.1　波导验证件的电磁仿真

在求解区域,背景材料设置成理想电导体(PEC)。用真空方块(bricks)来定义波导法兰以及连在两个法兰之间的交叉波导。另一方面,采用真空圆柱体来定义圆孔垫片。针对 WR-03 波导(以此为例),图 5.3 和图 5.4 分别给出了交叉波导和圆孔垫片的连接示意图。在波导法兰段的输入端口定义了波导端口用于将能量从求解区域馈入和输出。采用六面体网格对求解区域进行离散化。通过去嵌过程(将参考面从波导端口移动至交叉波导或圆孔垫片的端口)求解了交叉波导或圆孔垫片自身的 S 参数。这一去嵌技术只影响 S 参数的相位,因为仿真中假设了所有的波导都是无损耗的。

利用表 5.1 中给出的尺寸容差和法兰错位计算了交叉波导和圆孔垫片的传输损耗误差。假设波导孔径的倒角半径(Corner radii)对传输损耗计算的影响可以忽略,因此,仿真中没有考虑它们的影响。CST 微波工作室获得的复值 S 参数数据被导出为 touch-stone 格式以便进行后处理。后处理是在数值计算环境 MATLAB 中进行的。在 MATLAB 中,所有的复数数据连同其不确定度均被转化为幅度和相位格式及相应的不确定度,以便通过图形表示出来。

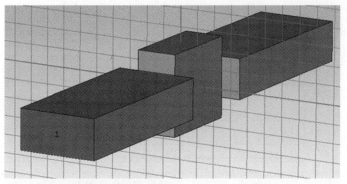

图 5.3 CST 微波工作室仿真软件里 WR-03 交叉波导连接示意图

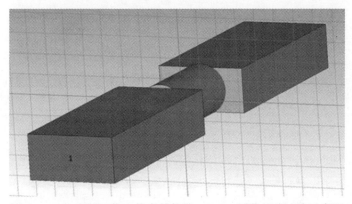

图 5.4 CST 微波工作室仿真软件里 WR-03 圆孔垫片连接示意图

5.3.2 同轴验证件的电磁仿真

基于空气线仿真了一种新颖的 N 型同轴验证件(DC-18GHz)。为了获得显著的传输损耗,通过将同轴空气线的圆柱内导体切成两截实现了低于截止频率的传输线(a below cut-off section)。两截之间的间隙作为低于截止的传输线。该间隙填充了圆柱介质。这两段连同插入的介质表现为电容。考虑了两种不同结构的验证件。在第一种结构中,插入的圆柱介质的直径等于圆柱内导体直径;但是,在第二种结构中,插入的圆柱介质的直径等于同轴空气线的外导体内径。第二种结构更具优势,因为它在实现两截内导体与同轴件纵轴对齐方面提供了更好的稳定性。图 5.5 和图 5.6 给出了两种同轴验证件结构的内导体仿真模型示意图。两种结构的侧面剖视图也在图 5.1 和图 5.2 中给出了。侧视图标出了尺寸参数,它们的容差在表 5.2 中给出。背景材料设置为理想电导体(PEC)。真空圆柱体被用来定义同轴空气线的内外圆柱导体以及圆柱介质段。在两截的输入口处定义了波导端口,用于计算区域能量的馈入以及提取。六面体网格用于计算区域的离散化。验证件的介质材料是 PTFE(特氟龙)。利用表 5.2 中给出的尺寸和介质容差计算了传输损耗误差。从 CST 微波工作室获取的复数 S 参数数据被导出为 touch-stone 格式用于在 MATLAB 中进行后处理。

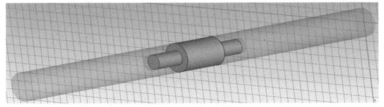

图 5.5　同轴验证件内导体仿真模型(第一种结构)

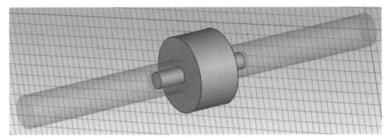

图 5.6　同轴验证件内导体仿真模型(第二种结构)

5.4　不确定度评估

作为传输损耗验证件,交叉波导、圆孔垫片以及同轴标准件的性能均可从由表 5.1 和表 5.2 中给出的尺寸容差和法兰错位引起的不确定度角度进行衡量。不同误差源引起的测量不确定度依据不确定度传播理论进行计算[16]。依据不确定度的线性传播特性,实部和虚部数据及其不确定度被转换为幅度和相位的形式[17]。

如果 $S = x + jy$ 表示复数传输 S 参数,那么对于交叉波导验证件,S 参数的合并标准不确定度,可描述为关于表 5.1 中所给出的尺寸容差以及法兰错位参数的如下数学方程:

$$u(x) = \sqrt{\underbrace{\left(\frac{\partial x}{\partial a_w}\right)^2 \left(\frac{\Delta a_w}{\sqrt{3}}\right)^2}_{(u(\Delta a_w))^2} + \underbrace{\left(\frac{\partial x}{\partial b_w}\right)^2 \left(\frac{\Delta b_w}{\sqrt{3}}\right)^2}_{(u(\Delta b_w))^2} + \underbrace{\left(\frac{\partial x}{\partial l_w}\right)^2 \left(\frac{\Delta l_w}{\sqrt{3}}\right)^2}_{(u(\Delta l_w))^2} \cdots \\ + \underbrace{\left(\frac{\partial x}{\partial a_{fl}}\right)^2 \left(\frac{\Delta a_{fl}}{\sqrt{3}}\right)^2}_{(u(\Delta a_{fl}))^2} + \underbrace{\left(\frac{\partial x}{\partial b_{fl}}\right)^2 \left(\frac{\Delta b_{fl}}{\sqrt{3}}\right)^2}_{(u(\Delta b_{fl}))^2} + \underbrace{\left(\frac{\partial x}{\partial \Theta}\right)^2 \left(\frac{\Delta \Theta}{\sqrt{3}}\right)^2}_{(u(\Delta \Theta))^2}}$$

(5.1)

$$u(y) = \left[\underbrace{\left(\frac{\partial y}{\partial a_w}\right)^2 \left(\frac{\Delta a_w}{\sqrt{3}}\right)^2}_{(u(\Delta a_w))^2} + \underbrace{\left(\frac{\partial y}{\partial b_w}\right)^2 \left(\frac{\Delta b_w}{\sqrt{3}}\right)^2}_{(u(\Delta b_w))^2} + \underbrace{\left(\frac{\partial y}{\partial l_w}\right)^2 \left(\frac{\Delta l_w}{\sqrt{3}}\right)^2}_{(u(\Delta l_w))^2} \cdots \right.$$
$$\left. + \underbrace{\left(\frac{\partial y}{\partial a_{fl}}\right)^2 \left(\frac{\Delta a_{fl}}{\sqrt{3}}\right)^2}_{(u(\Delta a_{fl}))^2} + \underbrace{\left(\frac{\partial y}{\partial b_{fl}}\right)^2 \left(\frac{\Delta b_{fl}}{\sqrt{3}}\right)^2}_{(u(\Delta b_{fl}))^2} + \underbrace{\left(\frac{\partial y}{\partial \Theta}\right)^2 \left(\frac{\Delta \Theta}{\sqrt{3}}\right)^2}_{(u(\Delta \Theta))^2} \right]^{1/2} \quad (5.2)$$

式中：$\left(\frac{\partial x}{\partial a_w}\right)$ 为灵敏度系数，用来描述 S 参数的实部 x 如何随波导宽度 a_w 的容差而变化。参数 $u(\Delta a_w)$ 表示由 a_w 引起的等效标准不确定度。对于圆孔垫片，宽度容差 a_w 和高度容差 b_w 被替换为波导直径容差 d_w。类似地，对于同轴验证标准件，上述方程可以按照表5.2中的尺度容差重写。

依据1.4节给出的式(1.43)和式(1.44)，S 参数的实部和虚部数据及其不确定度被用来计算 S 参数的幅度和相位不确定度。扩展不确定度通过将标准不确定度与覆盖因子 $k=2$ 相乘得到。使用LinProp模块实现实部和虚部到幅度和相位的不确定度传播，该模块由METAS开发[20]，基于GUM树算法[21-23]。该模块可在MATLAB中直接获取。从CST微波工作室仿真中直接获取的数据是复数量。这些复数量的实部和虚部之间存在着关联性。这种关联性也存在于不同复数量之间。LinProp模块考虑了复数量的方差，也考虑了同一复数量的实部和虚部之间的协方差、不同复数量之间的协方差，以便计算最终的幅度和相位不确定度。

5.5 实验装置

联邦物理技术研究院(Physikalisch-Technische Bundesanstalt, PTB)使用的测量设备包括一台二端口罗德施瓦茨(R&S)矢量网络分析仪ZVA-50，覆盖了从10MHz~50GHz的频率范围。测量是在具有稳定室温和相对湿度的屏蔽室进行的。

在WR-05(140-220GHz)和WR-03(220-325GHz)标准件中进行了波导装置的测量。使用了两个R&S毫米波扩展模块(ZVA-Z220)来将测量频率范围扩展到140~220GHz；类似地，使用了两个R&S扩展模块(ZVA-Z325)来将测量频率范围扩展到220~330GHz。例如，WR-03的测量装置见图5.7。使用VNA获得了标准件和待测件(DUTs)的原始数据，然后使用离线(Offline)二端口传输线-反射-传输线(LRL)校准技术[24]获得了修正数据。与广为使用的直通-反射-传输线(TRL)校准技术[25]相比，在LRL校准技术中将零长度的直通校准件替换为非零长度的传输线校准件。两条线的长度差异决定了校准过程的有效带宽。

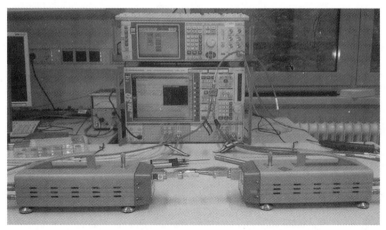

图 5.7 用在 PTB 中的 WR-03 波导测量装置

对于同轴测量,使用了具有滑动负载的未知直通校准技术[26]来校准 VNA,以此来从校准件和 DUT 的原始测量数据中获得修正数据。图 5.8 给出了 PTB 的同轴测量装置。所用 DUT 为前述两种 N 型同轴验证件。

图 5.8 PTB 的同轴测量装置

5.6 结果与讨论

这里给出波导和同轴验证件的仿真及测量结果。用覆盖因子 $k=2$ 来获取扩展不确定度,也给出了包含不同误差源的不确定度预算。下面将对交叉波导、圆孔垫片、同轴验证件的结果分别进行讨论。

5.6.1 波导验证件

波导验证件包括交叉波导和圆孔垫片。这里给出了传输损耗的幅度和相位以及联合扩展不确定度结果。

1. 交叉波导验证件

测量的交叉波导验证件包括长度为0.9890mm的WR-05(140~220GHz)波导和长度为0.9830mm的WR-03(220~330GHz)波导。图5.9和图5.10给出了长度为0.9890mm的WR-05的实测传输幅度和相位随频率的变化规律、运用微波工作室得到的它们的仿真值及不确定度。在不确定度间隔(Uncertainty interval)范围内,测得的传输幅度和相位与仿真结果吻合,亦即测量值落在了模型值的不确定度范围内。尺寸容差以及法兰错位是传输损耗的误差来源。还在某些选定的频点处给出了表格形式的传输损耗误差(包括幅度和相位)仿真数据。实际上,对于WR-05交叉波导,在每一频点处均计算了传输损耗误差,尽管只有一些选定频点处的结果在表5.3和表5.4中给出。由表中给出的损耗误差值可以看到:交叉波导的孔径高度容差和法兰孔径宽度容差对传输幅度和相位的最终不确定度有最显著的影响,而交叉波导孔径宽度和长度容差有最小的影响。

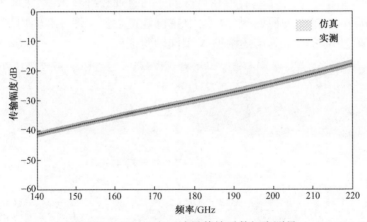

图5.9 WR-05交叉波导传输系数幅度测量

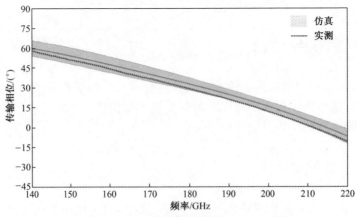

图5.10 WR-05交叉波导传输系数相位测量

表5.3 WR-05交叉波导在一些选定频点处的传输系数幅度误差和不确定度

频率/GHz	S_{21}/dB	ΔS_{21}/dB						标准不确定度
		Δa_w	Δb_w	Δa_{fl}	Δb_{fl}	$\Delta \Theta$	Δl_w	
140	−41.3230	0.0208	0.7888	0.5919	0.1208	0.3795	0.0964	0.4649
160	−35.4600	0.0285	0.7968	0.6273	0.1471	0.0675	0.0933	0.4535
180	−30.0210	0.0297	0.8388	0.3995	0.0877	0.1354	0.0648	0.5891
200	−24.2110	0.0319	0.8935	0.1084	0.0877	0.1354	0.0648	0.5891
220	−17.5820	0.0343	0.9728	0.4109	0.0138	0.1241	0.0409	0.5955

表5.4 WR-05交叉波导在一些选定频点处的传输系数相位误差和不确定度

频率/GHz	S_{21}/(°)	ΔS_{21}/(°)						标准不确定度
		Δa_w	Δb_w	Δa_{fl}	Δb_{fl}	$\Delta \Theta$	Δl_w	
140	60.1270	0.0270	0.7335	1.7449	0.1604	0.8915	0.0263	3.0318
160	47.5250	0.0160	1.2071	2.6410	0.1517	0.7790	0.0028	3.1434
180	32.7980	0.0179	1.6845	3.0456	0.2253	0.6004	0.0013	2.4107
200	15.7100	0.0314	2.3582	2.9617	0.2514	0.9937	0.0026	1.9147
220	−7.0270	0.0435	3.4691	1.0775	0.1043	1.4787	0.0089	2.9002

类似地,图5.11和图5.12给出了长度为0.9830mm的WR-03交叉波导的仿真和实测传输系数幅度及相位随频率的变化规律。测量得到的传输幅度和相位值落入了模型仿真值的不确定度范围内。在表5.5和表5.6中给出了一些选定频点处的传输系数误差(包括幅度和相位)仿真结果。从表中给出的损耗误差值可以看到,交叉波导孔径高度和法兰孔径宽度的容差对传输幅度和相位值的影响最大。另一方面,交叉波导孔径宽度的容差对传输幅度的影响最小而长度容差对传输相位的影响最小。

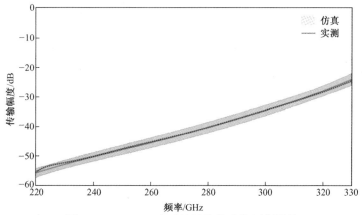

图5.11 WR-03交叉波导传输系数幅度测量

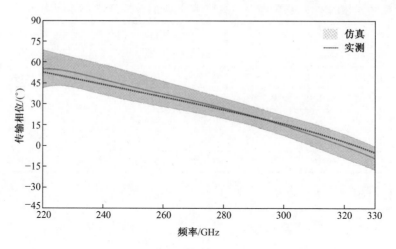

图 5.12 WR-03 交叉波导传输系数相位测量

表 5.5 WR-03 交叉波导在一些选定频点处的传输系数幅度误差和不确定度

频率 /GHz	S_{21}/dB	ΔS_{21}/dB						标准不确定度
		Δa_w	Δb_w	Δa_{fl}	Δb_{fl}	$\Delta \Theta$	Δl_w	
220	-55.7110	0.0134	0.5767	1.7712	0.4537	0.0684	0.1587	0.8289
240	-50.2920	0.0369	1.1521	1.4224	0.3513	0.2263	0.1364	0.7964
260	-45.4590	0.0341	1.1138	1.3273	0.2126	0.0934	0.1252	0.9040
280	-40.2860	0.0349	1.2013	0.9214	0.2099	0.2218	0.1122	0.9675
300	-34.4920	0.0354	1.2999	0.5235	0.1669	0.0139	0.0947	0.9502
330	-23.9990	0.0370	1.6131	0.7112	0.0636	0.17650	0.0591	1.0470

表 5.6 WR-03 交叉波导在一些选定频点处的传输系数相位误差和不确定度

频率 /GHz	S_{21}/(°)	ΔS_{21}/(°)						标准不确定度
		Δa_w	Δb_w	Δa_{fl}	Δb_{fl}	$\Delta \Theta$	Δl_w	
220	55.2200	0.0565	0.7728	10.7280	1.2296	1.4573	0.0556	6.9800
240	47.7050	0.0202	1.0473	5.1480	0.2242	0.8900	0.0163	5.5091
260	37.2420	0.0115	1.6284	6.7267	0.7335	0.5830	0.0043	4.7043
280	26.9350	0.0249	1.7955	7.2927	0.5844	1.3750	0.0029	3.7275
300	14.6270	0.0278	2.4682	7.2670	0.7650	1.3711	0.0011	3.6400
330	-8.8870	0.0475	3.5939	4.0751	0.3197	2.0821	0.0065	4.3735

2. 圆孔垫片验证件

仿真并实测了一个圆孔内径为 0.499mm 的 WR-03(220~330GHz)圆孔垫片。

图 5.13 和图 5.14 给出了实测的传输幅度和相位及使用 CST 微波仿真工作室软件预测的相应的仿真值及不确定度。在某些频点处,传输测量结果相比于传输模拟结果略微有所偏差。值得注意的是,传输测量本身有不确定度(即由 VNA 的测量设置引起)。因此,如果将模拟值和测量值及它们对应的不确定度画在一起,那么在整个频带范围内不确定度范围将有重叠。表 5.7 和表 5.8 给出了某些选定频点处的包含幅度和相位误差的传输系数误差预算表。从损耗误差值中可以看到,圆孔垫片的直径容差对传输幅度和相位的影响最大。另一方面,法兰孔径宽度和长度的容差分别对传输幅度和相位的影响最小。

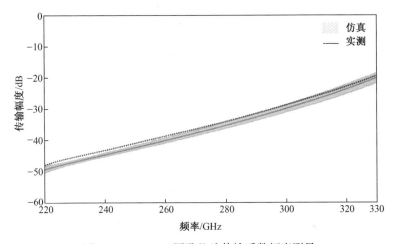

图 5.13　WR-03 圆孔垫片传输系数幅度测量

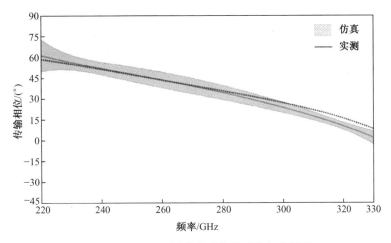

图 5.14　WR-03 圆孔垫片传输系数相位测量

表 5.7 WR-03 圆孔垫片在一些选定频点处的传输系数幅值误差和不确定度

频率/GHz	S_{21}/dB	ΔS_{21}/dB					标准不确定度
		Δd_w	Δa_{fl}	Δb_{fl}	$\Delta \Theta$	Δl_w	
220	-49.1900	1.2229	0.1860	0.2056	0.0910	0.1617	0.5694
240	-44.6010	0.8004	0.1023	0.0603	0.0307	0.1363	0.3516
260	-40.0640	1.0159	0.0171	0.0245	0.0429	0.1297	0.4553
280	-35.1980	1.0531	0.0061	0.0225	0.0447	0.1160	0.5413
300	-29.8320	1.1072	0.0025	0.0198	0.0444	0.0999	0.6509
330	-20.0709	1.3751	0.0331	0.0525	0.0476	0.0662	0.8613

表 5.8 WR-03 圆孔垫片在一些选定频点处的传输系数相位误差和不确定度

频率/GHz	S_{21}/(°)	ΔS_{21}/(°)					标准不确定度
		Δd_w	Δa_{fl}	Δb_{fl}	$\Delta \Theta$	Δl_w	
220	61.5130	605666	3.7666	2.4639	0.7152	0.1330	6.0120
240	52.2030	1.0819	0.0714	0.0376	0.5532	0.0014	2.4148
260	43.8090	1.1548	0.1751	0.0965	0.5771	0.0044	2.9550
280	34.5890	1.8800	0.0770	0.1073	0.6792	0.0045	2.6743
300	23.7290	2.1361	0.0515	0.0460	0.7515	0.0024	1.9714
330	1.8885	3.8226	0.2233	0.3187	0.9222	0.0048	2.4712

5.6.2 同轴验证件

对两种结构的 N 型同轴验证件进行了仿真和测量。在这里给出实测的传输损耗幅度和相位以及用电磁理论预测得到的模型值。对于仿真结果,用覆盖因子 $k=2$ 来获得扩展不确定度。两种结构的同轴验证件的硬件实现如图 5.15 和图 5.16 所示,它们都在 PTB 制造。

图 5.17~图 5.20 给出了两种结构的同轴验证件的实测传输幅度和相位以及用 CST 微波工作室得到的仿真值和不确定度。在仿真模型的不确定度范围内,测得的传输幅度和相位值与仿真值吻合良好。表 5.9 和表 5.10 给出了同轴验证件(作为示例,仅给出了第一种结构)在一些选定频率处的包含幅度和相位误差的传输系数误差预算表。从损耗误差值可观察到:介电常数(ε)容差对传输幅度和相位的影响最大。另一方面,内圆柱孔直径(d_h)和低截止段(below cut-off section)的长度(l_2)分别对传输幅度和相位的影响最小。在仿真中观察到:内导体段长度(l_1)、内圆柱孔长度(l_3)、介质材料内圆柱体长度(l_4)的容差对传输幅度没有明显影响,因此它们没有包含在表 5.9 所列的预算表中。同时也观察到内圆柱孔长

图 5.15　第一种同轴验证件硬件实现

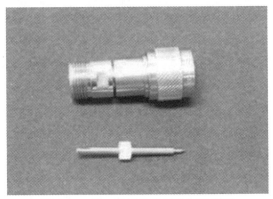

图 5.16　第二种同轴验证件硬件实现

度(l_3)、介质材料内圆柱体长度(l_4)对传输相位没有明显影响,因此它们没有包含在表 5.10 的预算表中。

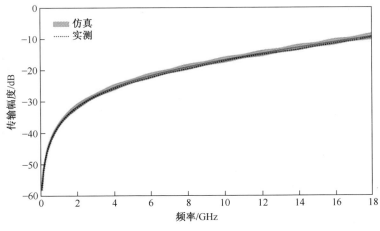

图 5.17　第一种同轴验证件传输系数幅度测量

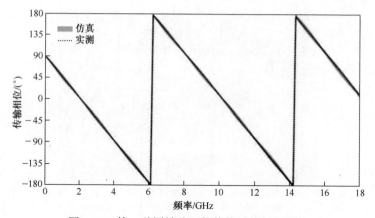

图 5.18　第一种同轴验证件传输系数相位测量

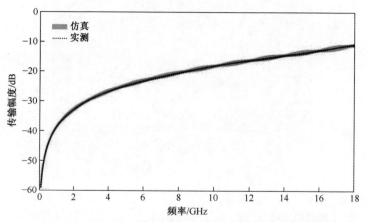

图 5.19　图 5.17 中第二种同轴验证件传输系数幅度测量

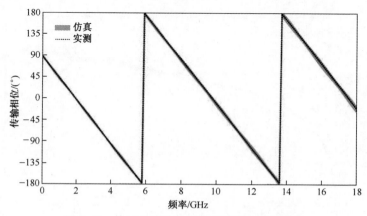

图 5.20　第二种同轴验证件传输系数相位测量

表 5.9　第一种同轴验证件在一些选定频点处的传输系数幅度误差和不确定度

频率/GHz	S_{21}/dB	ΔS_{21}/dB						标准不确定度
		Δd_{in}	Δd_{out}	Δd_h	Δl_2	$\Delta \varepsilon_{r1}$	$\Delta \varepsilon_{r2}$	
1	-37.6701	0.0169	0.0318	0.0080	0.0494	0.5066	0.4844	0.2870
5	-23.4416	0.0173	0.0314	0.0081	0.0484	0.5088	0.4865	0.2885
10	-16.6365	0.0188	0.0306	0.0083	0.0450	0.5151	0.4923	0.4193
15	-11.8112	0.0211	0.0297	0.0081	0.0385	0.5197	0.4945	0.2954
18	-9.2301	0.0225	0.0284	0.0079	0.0327	0.5139	0.4860	0.4347

表 5.10　第一种同轴验证件在一些选定频点处的传输系数相位误差和不确定度

频率/GHz	S_{21}/(°)	ΔS_{21}/(°)							标准不确定度
		Δd_{in}	Δd_{out}	Δd_h	Δl_1	Δl_2	$\Delta \varepsilon_{r1}$	$\Delta \varepsilon_{r2}$	
1	45.9904	0.0006	0.0103	0.0055	0.0157	0.0006	0.0789	0.0815	1.8940
5	-130.3900	0.0040	0.0780	0.0220	0.0849	0.0040	0.4130	0.4060	1.9296
10	8.1772	0.0127	0.1567	0.0461	0.1698	0.0069	0.8840	0.8706	0.5255
15	144.3200	0.0310	0.2400	0.0720	0.2546	0.0070	1.4840	1.4720	2.2785
18	8.0447	0.0494	0.2953	0.0880	0.3058	0.0026	1.9475	1.9279	1.2705

5.7　结　　论

本章阐述了将用作衰减标准件的波导和同轴验证件的传输损耗幅度和相位的不确定度分析。波导验证件包括 WR-05 和 WR-03 交叉波导以及一个 WR-03 圆孔垫片。另一方面,所讨论的同轴验证件是一种新型的基于空气线的 N 型同轴验证件。通过 CST 微波工作室的电磁建模方法预测了尺寸容差和法兰错位对同轴验证件的传输幅度和相位的影响。依据不确定度传播理论计算了由不同误差源引起的基于模型的测量不确定度。在基于模型的不确定度范围内,测量结果与仿真结果吻合良好。从本章给出的分析可以得出结论:工作于毫米波段的 VNA 的性能可用交叉波导和圆孔垫片进行验证。同样地,给出的 N 型同轴验证件可在 DC 至 18GHz 的频率范围内用作验证标准件。

参 考 文 献

1. AdamsonD, RidlerNM, Howes J (2009) Recent and future developments in millimetre and submillimetre wavelength measurement standards at NPL. In: 5th ESA workshop on millimeter wave tech-

nology and applications and 31st ESA antenna workshop, Netherlands, pp 463-467
2. Ridler N, Salter MJ (2013) Cross-connected waveguide lines as standards for millimeterand submillimeter-wave vector network analyzers. In: 81st ARFTG microwave measurement conference (ARFTG), 2013, pp 1-7
3. Ridler NM, Clarke RG, Salter MJ, Wilson A (2010) Traceability to national standards for S-parameter measurements in waveguide at frequencies from 140 GHz to 220 GHz. In: Proceedings of the 76th ARFTG microwave measurement conference, Clearwater Beach, FL, pp76 5 VNA Verification Artefacts 1-7
4. Schrader T, Kuhlmann K, Dickhoff R, Dittmer J, Hiebel M (2011) Verification of scattering parameter measurements in waveguides up to 325 GHz including highly-reflective devices. Adv Radio Sci 9:9-17
5. Ridler NM, Clarke R, Salter MJ, Wilson A (2013) The trace is on measurements: developing traceability for S-parameter measurements at millimeter and submillimeter wavelengths. IEEE Microw Mag 14(7):67-74
6. Huang H, Ridler NM, Salter MJ (2014) Using electromagnetic modeling to evaluate uncertainty in a millimeter-wave cross-guide verification standard. In: 83rd ARFTG microwave measurement conference (ARFTG), Tampa, Florida, USA
7. Salter MJ, Ridler NM (2014) Use of reduced aperture waveguide as a calculable standard for the verification of millimetre-wave vector network analyzers. In: Proceedings of the 44th european microwave conference, Rome, Italy, pp 750-753
8. IEEE Standard 1785.1-2012 (2012) IEEE P1785: IEEE standard for rectangular metallic waveguides and their interfaces for frequencies of 110 GHz and above - Part 1: Frequency bands and waveguide dimensions
9. IEEE Standard 1785.2-2014, IEEE P1785.2: draft standard for rectangular metallicwaveguides and their interfaces for frequencies of 110 GHz and above, unpublished
10. MIL-DTL-3922/67D (2009) Flanges, waveguide (contact) (round, 4 hole) (millimeter)
11. Shoaib N, Kuhlmann K, JudaschkeR, Sellone M, Brunetti L (2015) Investigation of verification artifacts in WR-03 waveguides. J Infrared, Millim, Terahertz Waves 36:1089-1100
12. Shoaib N, Kuhlmann K, JudaschkeR (2015) Investigation of verification artefacts in rectangular waveguides up to 325 GHz. In: 1st URSI atlantic radio science conference (URSI AT-RASC), 18-22 May 2015, pp 1-1
13. Agilent Technologies, 8493B coaxial fixed attenuator, DC to 18 GHz. http://www.keysight.com
14. Shoaib N, Kuhlmann K, Judaschke R (2015) A novel type n coaxial air-line verification standard. Metrologia 52:469-478
15. Shoaib N, Kuhlmann K, Judaschke R (2015) A novel type n coaxial air-line verification standard. In: 1st URSI atlantic radio science conference (URSI AT-RASC), 18-22 May 2015, pp 1-1
16. Taylor JR (1982) An introduction to error analysis, the study of uncertainties in physical measurements, 2nd edn. University Science Books, Sausalito, pp 209-914
17. BIPM, IEC, IFCC, ILAC, ISO, IUPAC, IUPAP and OIML (2008) JCGM 100:2008,

evaluation of measurement data – Guide to the expression of uncertainty in measurement, International Organization for Standardization (ISO), (Online). http://www.bipm.org/en/publications/guides/gum.html
18. CST – Computer Simulation Technology. Information available at: http://www.cst.com
19. MATLAB – The Language of Technical Computing. Information available at: http://www.mathworks.com
20. Zeier M, Hoffmann J, Wollensack M (2012) Metas. UncLib – a measurement uncertainty calculator for advanced problems. Metrologia 49(6):809–815
21. Hall BD (2003) Calculatingmeasurement uncertainty for complex–valued quantities. Meas Sci Technol 14(3):368–375
22. Hall BD (2002) Calculating measurement uncertainty using automatic differentiation. Meas Sci Technol 13(4):421–427
23. Hall BD (2006) Computing uncertainty with uncertain numbers. Metrologia 43(6):L56–L61
24. Ridler N (2009) Choosing line lengths for calibrating waveguide vector network analyzers at millimetre and sub-millimetre wavelengths. NPL Rep TQE 5:1–21
25. Engen GF, Hoer CA (1978) The application of "Thru–Short–Delay" to the calibration of the dual six–port. In: IEEE-MTT-S international microwave symposium digest, 27–29 June 1978, pp. 184–185
26. Ferrero A, Pisani U (1992) Two-port network analyzer calibration using an unknown thru. IEEE Microw Guided Wave Lett 2(12):505–507

一般结论

在本书中,阐述了波导测试环境中高至亚毫米波长的 VNA 测量及不确定度评估。主要内容包括 VNA 测量中的不同不确定度源的评价及线性传播。在这点上,进行了多个 S 参数测量及不确定度评估比较,还进行了同轴和波导标准件的表征。

讨论了采用解析方法进行的 S 参数测量数据的数学建模及不确定度评估,给出了 WR15 和 WR10 两类不同波导件的测量结果。从尺寸测量得来的 S 参数也与测试数据呈现出高度的兼容性。

针对 WR10 波导校准件进行的 TRL 和 QSOLT 校准技术的对比表明:在毫米波段,QSOLT 可作为替代 TRL 的一种计量级校准技术,使得 S 参数测量可追溯到 SI。

在 WR05 波导校准件中进行的 VNA 的法兰连接可重复性研究是基于对重复性测量的实测标准偏差进行的计算,显示出了实测复值反射系数的可变性。

最后,分析了同轴和波导系统的验证件。结果表明定制的圆孔垫片可用作波导系统的验证件,并且比交叉波导验证件更易实现。对于同轴连接系统,设计了一种新型的、结构相对简单的、基于空气线的 N 型同轴验证件,其可有效地用作验证件。

中英文对照

A
Agreement, 吻合
Air-line, 空气线
Alternative calibration, 可选校准
Analog to digital converter, 模/数转换器
Analytical approach, 解析方法
Analytical treatment, 解析处理
Aperture, 孔径
Applications, 应用
Attenuation constant, 衰减常数

B
Basic model, 基本模型
Below cut-off section, 低截止段

C
Calibration, 校准
Calibration Coefficient Model, 校准系数模型
Calibration comparison, 校准对比
Calibration procedure, 校准过程
Calibration standards, 校准件
Calibration techniques, 校准技术
Capacitor, 电容
Characteristic impedance, 特征阻抗
Characterize, 表征
Circular iris, 圆孔
Coaxial, 同轴
Coaxial verification standard, 同轴验证件

Combined standard uncertainty, 合成标准不确定度
Communication system, 通信系统
Comparison, 对比
Compatibility, 兼容性
Compatibility index, 兼容指数
Complete uncertainty, 完全不确定度
Complex number, 复数
Computational domain, 计算域
Confidence, 信心
Connection angle misalignments, 连接角度错位
Connection repeatability, 连接可重复性
Connector repeatability errors, 连接器重复性误差
Corner radii, 倒角半径
Correlation, 关联性
Covariance, 协方差
Covariance matrix, 协方差矩阵
Co-variances, 协方差
Coverage factor, 覆盖因子
Cross-guide, 交叉波导
Cutoff frequency, 截止频率

D
De-embedding, 去嵌
Device under test (DUT), 待测件
Dielectric inset, 嵌入介质
Dielectric material, 介质材料
Digital signal processing, 数字信号处理
Dimensional alignment, 尺寸对齐

Dimensional measurements,尺寸测量
Dimensional tolerances,尺寸容差
Dimensions,尺寸
Directional couplers,定向耦合器
Directivity error,方向性误差
Discretization,离散化
Dowel holes,定位孔
Drift,漂移
Drift Errors,漂移误差
Dynamic range,动态范围

E

Effective bandwidth,有效带宽
Electromagnetic,电磁
Electromagnetic characteristics,电磁特性
Electromagnetic computations,电磁计算
Electromagnetic theory,电磁理论
Ellipse,椭圆
Enhanced Short-Open-Load-Thru,
　　　　增强型短路-开路-负载-直通
Error Box Model,误差盒模型
Error coefficients,误差系数
Error correction,误差修正
Error terms,误差项
EURAMET,欧洲区域计量组织
Experimental standard deviation,实验标准偏差

F

Final uncertainties,最终不确定度
Flange alignment,法兰对齐
Flange aperture,法兰孔径
Flange misalignment,法兰错位
Flowchart,流程图
Flush short-circuit,平板短路
Frequency domain,频域
Fully analytical approach,全解析方法

G

Gaussian Error Propagation,高斯误差传播
GUM,测量中的不确定度表达指南

GUM Tree,测量中的不确定度表达指南树

H

High frequencies,高频
High-level noise,高电平噪声
Hollow,中空的

I

IEEE std 1785.1-2012,IEEE 标准 1785.1-2012
IEEE std 1785.2-2014,IEEE 标准 1785.2-2014
Impedance,阻抗
Industrial production,工业生产
Inner cylinders,内圆柱体
Interferometric comparator,干涉比较仪
Intermediate frequency,中频
International System of Units,国际单位体系
ISO,国际标准化组织
Isolation error,隔离误差
Iterations,迭代

J

JCGM,计量学指南联合委员会
Jitter noise,抖动噪声

L

Law of Propagation of Uncertainty,
　　　　　　　　　　不确定度传播定律
Least influence,影响最小
Line,传输线
Line-Reflect-Line,传输线-反射-传输线
Line-Reflect-Match,传输线-反射-匹配
Load,负载
Load match error,负载匹配误差
Local oscillator,本地振荡器
Longitudinal axis,纵轴
Loss errors,损耗误差
Low-level noise,低电平噪声
Lumped elements,集总元件

M

Matched terminations,匹配负载

Measurement accuracy,测量精度
Measurement errors,测量误差
Measurement noise,测量噪声
Measurement setup,测量装置
Measurement uncertainty,测量的不确定度
Mechanical characterization,尺寸表征
Metallic,金属的
Metrological,计量的
Microwave Measurement Software,微波测量软件
Millimeter wave extenders,毫米波扩频器
Millimetre,毫米
Mismatched termination,失配负载
Model-based uncertainty,基于模型的不确定度
Monte Carlo,蒙特卡罗

N

Near-matched termination,准匹配负载
Network analysis,网络分析
Network analyzer,网络分析仪
Network configurations,网络结构
Networks,网络
Noise,噪声
Nominal values,标称值
Non-leaky model,非泄露模型
Novel,新颖的
Null shim,零垫片

O

Offset shim,偏置垫片
Offset short-circuit,偏置短路
Offset-short,偏置短路
Open,开路

P

Parametric information,参数信息
Perfectly electrical conductor (PEC),理想电导体
Performance,性能
Phase errors,相位误差
Phase noise,相位噪声
Phase variation,相位变化

Polytetrafluoroethylene (PTFE),聚四氟乙烯
Precision load,精密负载
Precision waveguide,精密波导
Probability density function,概率密度函数
Propagation,传播
Propagation constant,传播常数
Propagation flowchart,传播流程图
Propagation of uncertainty,不确定度传播

Q

Quick Short-Open-Load-Thru,
　　快速型短路-开路-负载-直通

R

Radio frequency,射频
Random Errors,随机误差
Raw measurement,原始测量
Receivers,接收机
Reciprocal network,互易网络
Reduced height waveguide,减高波导
Reference plane,参考平面
Reference standards,参考标准件
Reflect,反射
Reflection coefficient,反射系数
Reflection coefficient phase,反射系数相位
Reflection tracking errors,反射跟踪误差
Reflectometer,反射计
Repeatability,可重复性
Repeatable,可重复的
Research and development,研究与开发
Response,响应
Right angles,直角

S

Scalar network analyzer,标量网络分析仪
Scattering parameters,散射参数
Shim,垫片
Short,短路
Short circuit terminations,短路负载
Short-Open-Load,短路-开路-负载

Short-Open-Load-Reciprocal,短路-开路-负载-互易
Short-Open-Load-Thru,短路-开路-负载-直通
Signal separation,信号分离
Significant influence,显著影响
Source,源
Source match error,源匹配误差
S-parameters,S 参数
S-parameter uncertainty,S 参数不确定度
Standard definition,校准件定义
Standard deviation,标准偏差
Standard uncertainty,标准不确定度
Statistic fluctuations,统计波动
Sub-millimetre,亚毫米
Switch,开关
Switch Repeatability errors,开关可重复性误差
Symmetrical,对称的
Systematic Errors,系统误差

T
Thru,直通
Thru-Reflect-Line,直通-反射-传输线
Thru-Short-Delay,直通-短路-延迟
Topologies,拓扑
Traceability,可追溯性
Traceable,可追溯的
Tracing S-parameter,追溯 S 参数
Transmission coefficients,传输系数
Transmission losses,传输损耗
Transmission tracking error,传输跟踪误差
Transmissions,传输
Trend,趋势
Two-port network,二端口网络
Two-state hardware,双态硬件
Type A,A 类
Type B,B 类

Type N,N 型

U
UG-387 flange,UG-387 法兰
Uncertainty assessment,不确定度评估
Uncertainty bars,不确定度棒
Uncertainty budget,不确定度预算
Uncertainty ellipse,不确定度椭圆
Uncertainty evaluation,不确定度评价
Uncertainty intervals,不确定度间隔
Uncertainty sources,不确定度源

V
Vacuum bricks,真空方块
Vacuum cylinders,真空圆柱体
Variability,可变性
Variance,变化
Vector network analyzer(VNA),矢量网络分析仪
Verification,验证
Verification artefacts,验证件
Verification standards,验证标准件
VNA calibration,VNA 校准
Voltage reflection coefficient,电压反射系数

W
Waveguide,波导
Waveguide ports,波导端口
Wave quantities,波参量

Y
Y-parameters,Y 参数

Z
Z- or Y-parameters,Z 或 Y 参数
Zero degrees,零度